Jayadikumar Talaviya
Urvashi Kotadiya
Vishal Savaliya

Caracterização e gestão da murchidão dos cominhos

Jayadikumar Talaviya
Urvashi Kotadiya
Vishal Savaliya

Caracterização e gestão da murchidão dos cominhos

ScienciaScripts

Imprint

Any brand names and product names mentioned in this book are subject to trademark, brand or patent protection and are trademarks or registered trademarks of their respective holders. The use of brand names, product names, common names, trade names, product descriptions etc. even without a particular marking in this work is in no way to be construed to mean that such names may be regarded as unrestricted in respect of trademark and brand protection legislation and could thus be used by anyone.

Cover image: www.ingimage.com

This book is a translation from the original published under ISBN 978-620-6-84536-2.

Publisher:
Sciencia Scripts
is a trademark of
Dodo Books Indian Ocean Ltd. and OmniScriptum S.R.L publishing group

120 High Road, East Finchley, London, N2 9ED, United Kingdom
Str. Armeneasca 28/1, office 1, Chisinau MD-2012, Republic of Moldova, Europe
Printed at: see last page
ISBN: 978-620-8-27197-8

Conteúdo

CAPÍTULO - I

INTRODUÇÃO

1.1 Descrição da planta

O cominho (*Cuminum cyminum* L.), conhecido localmente como "Jeera" ou "Jiru", pertence à família *Apiaceae*. O número de cromossomas do cominho é 2n= 14. É uma cultura de polinização cruzada, e as abelhas ajudam na polinização. O clima subtropical moderado é ideal para a cultura do cominho. O clima moderadamente fresco e seco é o melhor. A cultura do cominho não resiste a uma humidade elevada e a chuvas fortes. Cresce até cerca de 30-50 cm de altura. Tem folhas dissecadas com flores brancas ou cor-de-rosa.

1.1.1 Origem e utilizações

O cominho tem uma longa história, que remonta há quase 5000 anos à antiga civilização egípcia, onde era utilizado como especiaria e como conservante na mumificação. O mundo ocidental conheceu-o como uma especiaria do Irão, e o nome cominho tem as suas raízes na palavra *Kerman,* uma cidade no Irão em torno da qual era amplamente cultivado. A frase "transportar cominhos para *Kerman"* exprime corretamente a sua relação com essa cidade. Kerman, localmente chamado *Kenmm,* ter-se-ia tornado *Kumun* e depois cominho nas línguas europeias. É largamente cultivado na Índia, Paquistão, Irão, Iraque, Turquia, Egito, Israel, etc. A Turquia e o Irão são os nossos principais concorrentes na exportação de sementes de cominho. É cultivado comercialmente nas zonas semi-áridas ou áridas do Rajastão e do Gujarate e também, em escala limitada, em Madhya Pradesh, Karnataka, Andhra Pradesh, U. P. e Tamil Nadu.

Também era conhecida na Grécia e Roma antigas, onde era utilizada como uma espécie de pimenta. Os exploradores espanhóis e portugueses introduziram-no nas Américas. Até à data, os cominhos são amplamente cultivados também no Uzbequistão, Tajiquistão, Turquia, Marrocos, Egito, Índia, Síria, México e Chile (Shastry e Anandraj, 2011).

As sementes de cominho têm uma fragrância aromática devido a um álcool, o cuminol. As sementes são largamente utilizadas como condimentos sob a forma de um ingrediente essencial em todas as misturas de especiarias e em pó de caril para aromatizar legumes, pickles, sopas, salsichas, queijo, outras preparações culinárias e para temperar pães, bolos e biscoitos. Também é cristalizado. Além disso, verificou-se que os cominhos possuem várias actividades farmacológicas, tais como antimicrobiana, antidiabética, antiepiléptica, antifertilidade, anticancerígena, antioxidante e imunomoduladora, devido à presença de vários constituintes químicos, incluindo 2,5 a 4,5% de óleo volátil, 10% de óleo fixo e proteínas. O óleo volátil é constituído principalmente por 30 a 50% de cuminaldeído, pequenas quantidades de a- pineno, b-pineno, felandreno, álcool cumínico, cuminaldeído hidratado e hidro cuminina, o que o torna adequado para fins medicinais. É também utilizada como estimulante do apetite e pensa-se que alivia perturbações do estômago como a diarreia e a disenteria (Kaur e Sharma, 2012).

O óleo aromático das sementes de cominho é também utilizado para aromatizar caris, licores, cordiais e tem grande utilidade nas indústrias de perfumaria. O resíduo, deixado após a extração do óleo volátil, contém 17,2 por cento de proteínas e 30 por cento de gordura. Pode ser utilizado como alimento para o gado. O teor de óleo volátil de variedades prometedoras de cominho varia entre 2,8 e 4,7% (Edison, 1991).

1.1.2 Cenário indiano

A Índia é o principal produtor (70% da produção mundial), consumidor e exportador de cominhos no mundo. Quase 80% da colheita cultivada é consumida na Índia. (Spice board of India, 2012)

1.1.3 Área e produção

A área cultivada com cominhos na Índia é de cerca de 5,93 lakh ha, com uma produção anual de 3,95 lakh MT. O cominho é cultivado exclusivamente em Gujarat e no Rajastão. Bengala

Ocidental, Uttar Pradesh, Andhra Pradesh e Punjab também contribuem para a produção indiana. Barmer, Jalore, Jodhpur e Nagaur, no Rajastão, são as principais zonas produtoras de cominho. Os principais distritos produtores de cominho em Gujarat são Surendranagar, Banaskantha, Jamnagar e Patan (Anon. 2013, Quadro 1.1).

1.1.4 Exportação da Índia

Os cominhos representam 7-8% do total das exportações de especiarias da Índia. Em 2011-12, a Índia exportou 45 500 toneladas de cominhos, no valor de 644 milhões de rúpias, segundo o Spices Board India. Os países *vizinhos* EUA, Nepal, EAU, Brasil, Reino Unido, Bangladesh e Singapura são os principais importadores de cominhos da Índia.

1.2 Doenças dos cominhos

O cominho é uma cultura *rabi* importante nas regiões de Saurashtra e Gujarat do Norte e é afetado principalmente por três doenças importantes, *nomeadamente* o míldio (*Alternaria burnsii*), a murchidão (*Fusarium oxysporum* f.sp. *cumini)* e o oídio (*Erysiphe polygoni*). A murchidão causada por *Fusarium oxysporum* f. sp. *cumini* é uma doença grave do cominho (*Cuminum cyminum* L.) na Índia (Dange, 1995). É predominante em todos os países produtores de cominhos. Mathur e Mathur (1956) registaram a murchidão do cominho no Rajastão e identificaram o organismo causal como sendo *Fusarium oxysporum* (Schl.) Snyder e Hansen. Com base na especificidade do hospedeiro, foi finalmente designado como *Fusarium oxysporum* f. sp. *cumini* por Prasad e Patel (1963). A murchidão resulta em perdas de rendimento de até 35% em cominhos em alguns distritos do Rajastão (Vyas e Mathur, 2002). Dange *et al.* (1992) registaram perdas de 7,0 a 30,6 por cento em Gujarat.

O Fusarium oxysporum é um fungo que habita o solo e está amplamente distribuído, sendo conhecido pela sua diversidade filogenética. A maioria das estirpes atribuídas a esta espécie são saprotróficas. A doença manifesta-se a partir da própria fase de plântula e continua até à maturidade da cultura. Embora geralmente ocorra perto ou nas fases reprodutivas do crescimento da cultura. O agente patogénico é transmitido pelo solo, pelo que é difícil de erradicar, uma vez que os clamidósporos do fungo sobrevivem no solo até 6 anos, mesmo na ausência da planta hospedeira (Haware *et al.* 1996).

Os sintomas incluem a queda das folhas superiores, que se assemelha a uma deficiência hídrica, o atrofiamento das plantas, o encolhimento e a ondulação das folhas da parte inferior das plantas, que se deslocam progressivamente para cima dos caules da planta infetada (placa 1). As plantas acabam por secar e morrer. Os sintomas das raízes incluem um crescimento reduzido com uma descoloração castanha acentuada, pontas de raízes axiais danificadas e proliferação de raízes secundárias acima da área da lesão da raiz axial. A descoloração do tecido vascular na parte inferior do caule pode nem sempre ser visível. Os sintomas gerais na fase de plântula incluem uma queda súbita mais parecida com murchidão e amortecimento (Khare, 1980).

1.3 Utilidade prática do problema de investigação

O cominho é uma das culturas de especiarias mais importantes do Estado de Gujarat. Em Gujarat, a região de Saurashtra é a zona de cultivo de cominhos mais predominante. O baixo rendimento do cominho é atribuído à sua suscetibilidade às doenças da murchidão e do míldio. O míldio pode ser gerido com fungicidas, mas a murchidão, que é transmitida pelo solo, é difícil de gerir com meios químicos ou um único fator. A incidência da murchidão também varia consoante os locais. Assim, a presente investigação foi levada a cabo para descobrir a natureza patogénica e a variabilidade de diferentes isolados, linhas de cultivares resistentes e para estudar a eficácia no terreno de produtos químicos e bioagentes para a gestão da murchidão.

1.4 Objectivos:

1. Patogenecidade de isolados de murcha de cominho (*Fusarium oxysporum* f. sp. *cumini*).
2. Rastreio de genótipos de cominho contra o agente patogénico da murchidão.

3. Estudo cultural, morfológico e molecular de diferentes isolados de *Fusarium oxysporum* f. sp. *cumini* colhidos na região de Saurashtra.

4. Eficácia do tratamento de sementes e da aplicação de fungicidas convencionais na incidência da murchidão em condições de campo.

5. Eficácia do consórcio de bioagentes para a gestão da murchidão do cominho em condições de campo.

6. Avaliação da população microbiana no solo no âmbito das experiências de campo acima referidas.

Quadro 1.1. Área, produção e produtividade de cominho em Gujarat (2011-2012)

N.º Sr.	Distrito	Área (ha)	Produção (MT)	Produtividade (MT/ha)
1	Ahmedabad	26600	9044	0.34
2	Amreli	3400	2002	0.54
3	Anand	400	218	0.55
4	Banaskantha	61800	57812	0.94
5	Bhavnagar	1200	972	0.81
6	Gandhinagar	100	50	0.50
7	Jamnagar	49200	39360	0.80
8	Junagadh	23600	15576	0.66
9	Kheda	300	245	0.82
10	Kutch	26000	14040	0.54
11	Mehsana	10700	7768	0.73
12	Patan	41700	29190	0.70
13	Porbandar	26700	22428	0.84
14	Rajkot	26500	17490	0.66
15	Sabarkantha	3100	1368	0.44
16	Surendranagar	72600	65739	0.91
	Estado de Gujarat	373900	283302	0.76

(Fonte: Direção da Agricultura, Gandhinagar, 2013)

Foto 1. Sintomas progressivos de murchamento em cúmulos.

CAPÍTULO - II

REVISÃO DA LITERATURA

2.1 Ocorrência e causa da doença

O fungo *Fusarium oxysporum* f. sp. *cumini* Prasad e Patel foi referido pela primeira vez por Patel *et al.* (1957) como um agente patogénico causador da murchidão dos cominhos. Estimaram perdas de 5 a 25 por cento em Gujarat do Norte e de 5 a 60 por cento em Rajasthan devido à doença da murchidão dos cominhos.

O Fusarium oxysporum é um fungo cosmopolita que pode ser encontrado em solos de todas as partes do mundo. O fungo é conhecido por produzir micélio aéreo esparso a abundante e pigmentação branca, rosa, salmão e púrpura no reverso da colónia em cultura (Gerlach e Nirenberg, 1982; Nelson *et al.* 1983). *O Fusarium oxysporum* parece depender apenas da reprodução assexuada e produz três tipos de esporos assexuados: microconídios, macroconídios e clamidósporos. Os microconídios e os macroconídios são produzidos em monofiálides ramificadas e não ramificadas. Os microconídios são unicelulares ou bicelulares, ovais ou em forma de rim, e são produzidos em falsas cabeças (Nelson *et al.* 1983). Os macroconídios são de quatro a oito células, em forma de foice, de paredes finas e delicadas, com célula basal em forma de pé e célula apical atenuada. Os clamidósporos são esporos globosos, de paredes espessas e em repouso, formados isoladamente ou aos pares, terminais e intercalares em hifas ou em conídios (Ploetz e Pegg, 2000). Não foi encontrado um teleomorfo (fase sexual) para *F. oxysporum*.

Sharma *et al.* (2013) realizaram um inquérito para conhecer a situação das doenças dos cominhos nos campos dos agricultores. Foi efectuado um inquérito de campo nos distritos de cultivo de cominhos do Rajastão e de Gujarat durante o *rabi* de 2007-08 até ao *rabi* de 2011-12 e registaram uma incidência de murchidão de 0-60 %.

2.2 Variabilidade de diferentes isolados de *Fusarium oxysporum*

2.2.1 Despistagem da patogenecidade e dos genótipos

Grewel *et al.* (1974) provaram com sucesso a patogenicidade de *Fusarium sp.* em plantas de grama com 90 dias de idade. Plantas de grama foram cultivadas em solo autoclavado e 50 g de cultura de *Fusarium sp.* cultivada em meio de farinha de milho e areia foram aplicadas a duas polegadas de profundidade ao redor da planta, substituindo o solo.

Doze variedades reprodutoras foram analisadas contra a murchidão do cominho, entre as quais duas linhas apresentaram uma resistência considerável, enquanto 10 linhas foram classificadas de susceptíveis a resistentes

(Sadashivan e Kalyansundram, 1988). Foi comunicada uma variação no crescimento micelial, para além da patogenicidade, em 9 isolados de *Fusarium oxysporum* f. sp. *cumini* patogénico na Índia (Champawat e Pathak, 1989).

Várias formas biológicas que diferem em termos de patogenicidade, incluindo o *F. oxysporum* não patogénico, podem ser normalmente isoladas do mesmo campo de cominhos ou de campos diferentes (Larkin e Fravel, 1998).

Ao testar 12 linhas de cominhos, a UC-310 mostrou uma resistência máxima ao míldio e as UC-220 e UC-231 à murchidão (Arora *et al.* 2004). Twafik e Allam (2004) provaram sucessivamente a natureza patogénica de cinco isolados de *Fusarium oxysporum* f. sp. *cumini* isolados de plantas de cominho infectadas com murchidão através do método de inoculação no solo.

Deepak *et al.* (2008) analisaram 25 linhas de cominhos contra doenças, mas nenhuma foi considerada totalmente resistente à murchidão. A resistência máxima à murchidão foi observada nas linhas UC-220, EC-220, EC-232684 e UC-63, mas a suscetibilidade máxima foi observada nas linhas RZ-19, UC-231, JC-2000-72, CMB-134 e Jobner Local. As linhas RZ-209 e UC-223 foram consideradas moderadamente a altamente susceptíveis.

Sharma *et al.* (2009) isolaram quarenta e oito isolados de *Fusarium oxysporum* recolhidos em diferentes regiões de cultivo de grão-de-bico na Índia e verificaram a natureza patogénica do fungo. Segundo os autores, 41 isolados foram considerados patogénicos.

Cumagun *et al.* (2010) isolaram onze isolados de *Fusarium oxysporum* de cabaça amarga e provaram com sucesso a patogenicidade do fungo, tendo também verificado que todos os isolados produziam sintomas típicos de clareamento das nervuras e murchidão.

Foi realizado um teste de patogenicidade com quarenta e cinco isolados de *Fusarium oxysporum* f. sp. *lentis* do Irão e dois isolados do ICARDA. Os resultados mostraram que os isolados *de Fusarium* diferem na sua agressividade sobre as linhas susceptíveis. (Mohammadi *et al.* 2011).

Deshwal e Kumari (2012) isolaram 10 isolados de *Fusarium oxysporum* da planta doente de cominho e estudaram a natureza patogénica do fungo contra o cominho e todos eram patogénicos.

Dez isolados de *Fusarium oxysporum* f. sp. *cumini* foram testados quanto à sua natureza patogénica contra o cominho. A incidência da murchidão variou de 23,31 a 95,00. Os sintomas de murchidão apareceram após 40 dias de germinação (Mehta, 2012).

2.2.2 Caracteres morfológicos

Patel *et al.* (1957) estudaram a murcha de Fusarium dos cominhos. Registaram microconídios unicelulares, hialinos e ovóides a elipsóides, rectos ou curvos. Os macroconídios eram poucos em número, na sua maioria 2-3 septados, rectos ou ligeiramente curvados no ápice e mediam em média 34,44 x 3,28 pm. Estavam presentes calmidósporos terminais e intercalares com um diâmetro médio de 8,2 pm.

Susan Groenewald (2005) dividiu as diferentes espécies *de Fusarium oxysporumf* . sp.

Os isolados *de cubense*, de acordo com a sua morfologia, foram divididos em três tipos morfológicos, nomeadamente esporodóquios, cotonosos e pinnais viscosos. Entre estes, o tipo esporodoquial foi o mais dominante.

Sharma *et al.* (2006) previram a variabilidade genética do agente patogénico da murchidão da ervilha, *Fusarium oxysporum* f. sp. *pisi, nos* Himalaias Norte-Ocidentais. O crescimento micelial dos isolados variou de esparso a abundante. De um modo geral, a maioria dos isolados apresentou um crescimento cultural flocoso abundante. A cor do micélio também variava entre branco, rosa esbranquiçado, amarelado, púrpura acinzentado, castanho, enquanto estavam presentes pigmentos de diferentes cores (castanho acinzentado, avermelhado, violeta a preto). Com base nas caraterísticas culturais, diferenciaram 24 isolados em seis grupos. Revelaram que as caraterísticas culturais dos isolados não se correlacionavam com a região da sua origem.

Cha *et al.* (2006) caracterizaram *Fusarium oxysporum* isolado de pimentão na Coreia. A espécie fúngica produziu micélios aéreos brancos acompanhados de pigmento violeta escuro em PDA. A colónia formou-se com micélios aéreos brancos que mais tarde produziram pigmento violeta escuro em PDA. A observação microscópica dos isolados mostrou que os seus conidióforos não são ramificados e são monofiálidos, os seus microconídios têm uma forma oval-elipsoidal sem septo e têm um tamanho de 3,0~11 x 1,5~3,5 pm. Os seus macroconídios tinham dimensões de 15~20 x 2,0~3,5 pm e tinham uma forma ligeiramente curva ou delgada com 2~3 septos. A forma e o tamanho dos clamidósporos variaram para globoso-elipsoidal, individualmente, 5,0~15 x 5,0~13,0 pm.

Baysal *et al.* (2010) estudaram *Fusarium oxysporum* f. sp. *melongenae* isolado de beringela. Os isolados de *Fusarium oxysporum* de plantas inoculadas apresentaram macroconídios caraterísticos de três a cinco septos, em forma de foice, com uma célula basal em forma de pé, microconídios elipsoides suportados em falsas cabeças ou em monofiálides curtas, e clamidósporos eram visíveis em cultura. Uma colónia típica de cor creme desenvolveu-se em PDA, com pigmentação púrpura no verso.

Deshwal e Kumari (2012) estudaram a variação na microestrutura de *Fusarium oxysporum* f. sp.

cumini. Observaram que as colónias dos isolados eram lanosas a algodonosas com micélio aéreo creme a branco e pigmento púrpura. Os conidiófilos tinham monofiálides simples ou ramificadas. Os microconídios eram geralmente unicelulares, raramente bicelulares, hialinos, medindo 2-3,5 x 5-12 pm. Os macroconídios eram maioritariamente com 3 septos, mas alguns tinham 4-5 septos. Tinham forma de barco a oblonga e 3-4 x 25-45 pm de tamanho.

Sonkar *et al.* (2014) estudaram os caracteres culturais e morfológicos de *Fusarium oxysporum* f. sp. *lycopersici*. Com base no padrão de crescimento micelial, categorizaram os isolados em dois grupos, ou seja, crescimento fofo e crescimento liso aderente. A maioria dos isolados apresentou crescimento fofo. O comprimento x largura dos macroconídios variou entre 1537,5p x 2,5-4p e o dos microconídios foi de cerca de 2,5-15p x 2-3p entre os isolados. A septação dos macroconídios era de 3 a 5 e os microconídios eram geralmente asseptados ou com uma única septação. A esporulação dos macroconídios, microconídios e microconídios variou muito entre os isolados.

2.2.3 Caracterização molecular

Repetição de sequência simples (SSR)

Os repetições de sequência simples ou microssatélites são motivos de sequência de ADN curtos, repetidos em tandem, que consistem em duas a seis unidades nucleotídicas centrais, e foram inicialmente descritos em seres humanos (Litt e Lutty, 1989). São muito abundantes no genoma eucariótico, mas também ocorrem em procariotas com menor frequência. Estas pequenas sequências repetitivas de ADN constituem a base de um sistema de marcadores genéticos co-dominantes e multialélicos baseado na PCR.

Os microssatélites, também designados por repetições de sequência simples (SSR; Bruford e Wayne 1993), apresentam muitas vantagens em relação à sequenciação de ADN, incluindo uma maior representação de diferentes regiões genómicas e uma evolução mais rápida que pode conduzir a caracteres mais informativos. Os SSRs são adequados para estudos que envolvam divergências profundas, bem como taxa estreitamente relacionados. Especificamente, a utilização de SSRs em estudos de diversidade fúngica é próspera, uma vez que estes marcadores estão bastante bem caracterizados (*Kretzeret al.* 2004) e foi demonstrada a sua transferibilidade entre espécies (Sirjusingh e Kohn, 2002) e géneros.

Barve *et al.* (2001) avaliaram o potencial dos microssatélites para distinguir quatro raças de *Fusarium oxysporum* f. sp. *ciceri* prevalecentes na Índia. A distribuição das repetições de microssatélites no genoma revelou que as raças 1 e 4 estavam estreitamente relacionadas, com um índice de semelhança de 76,6%, em comparação com a raça 2, com um valor de semelhança de 67,3%; a raça 3 era muito distinta, com um valor de semelhança de 26,7%.

Bogale *et al.* (2006) efectuaram a caraterização de isolados de *Fusarium oxysporum* da Etiópia utilizando AFLP, SSR e análises da sequência de ADN. Os três métodos utilizados neste estudo separaram as estirpes em três linhagens, que correspondiam aos três clados de *F. oxysporum*. Trinta dos isolados da Etiópia agruparam-se na linhagem 2, enquanto os restantes dois isolados se agruparam nas linhagens 1 e 3. As 18 formae speciales incluídas neste estudo não diferiram consoante o hospedeiro em nenhuma das três técnicas baseadas no ADN utilizadas. Isto confirmou que a patogenicidade dos isolados não está necessariamente correlacionada com o agrupamento filogenético. As três linhagens reveladas neste estudo partilharam 74% de semelhança com base em AFLP e perto de 90% com base em SSR.

Mwang'ombe *et al.* (2008) analisaram isolados quenianos de *Fusarium solani* f. sp. *phaseoli* de feijão comum utilizando ADN microssatélite. Foi detectado um total de 63 alelos diferentes quando os 52 isolados individuais de *F. solani* f. sp. *phaseoli* foram tipados em sete loci de microssatélites. Os autores relataram uma correlação positiva entre os grupos filogenéticos baseados em SSR e a patogenicidade. Não houve correlação entre os agrupamentos filogenéticos e a localização geográfica do isolado, ou a altitude, as caraterísticas da colónia e a virulência dos isolados.

Datta *et al.* (2011) previram a diversidade molecular em isolados indianos de *Fusarium oxysporum* f.sp. *lentis* que incitam à doença da murchidão da lentilha. Nove pares de iniciadores de repetições de sequências simples (SSR) amplificaram 21 alelos com 2,33 alelos por iniciador. O tamanho dos alelos amplificados variou entre 100 e 850 pb. O número médio do valor PIC dos pares de iniciadores SSR neste estudo foi de 0,80. Os primers SSR agruparam os 15 isolados de Fol em dois grupos principais.

Hussain *et al.* (2012) estudaram os caracteres morfológicos de 16 isolados de *Fusariuum oxysporum* que infectam a guvava. No seu estudo, foram observados numerosos micro e macroconídios no caso de todos os 16 isolados em PDA e farelo de trigo embebido em água. Os microconídios formaram-se isoladamente, de forma oval a reniforme e sem qualquer septação. As células conidiogénicas que contêm micro e macroconídios eram do tipo monofiálido. O tamanho dos microconídios variou de 7,50 - 16,25 e 2,50 - 4,50 pm. Os macroconídios eram falcados a quase rectos, geralmente com 3 septos, raramente com 4 a 5 septos, paredes finas, ambas as extremidades quase pontiagudas, célula basal entalhada, célula apical curta e, em alguns casos, ligeiramente curvada. O tamanho dos macroconídios variou de 20,27 - 40,50 e 5,00 - 6,75 pm . Dos 16 isolados, 11 produziram clamidósporos em meio de cultura. Os clamidósporos eram de paredes espessas, terminais ou intercalares, globosos, lisos ou enrugados, geralmente unicelulares (6,25 - 9,25 pm) produzidos em hifas. Também foram encontrados clamidósporos bicelulares em aglomerados (10,0 - 30,0/7,5 pm) e em forma de cadeia (17,5 - 30,0/7,5 pm).

2.3 Gestão da murchidão de Fusarium

As doenças causadas pela murchidão de Fusarium são difíceis de controlar (Borrero *et al* .2006: Elmer. 2006). Os métodos de controlo que foram investigados contra a murcha de Fusarium incluem métodos de controlo químico, biológico e cultural, e a utilização de variedades resistentes à doença. Destes métodos, a utilização de material de plantação resistente é o meio mais eficaz de reduzir a doença, enquanto que o sucesso foi limitado através do controlo químico e cultural. Embora a utilização de agentes de controlo biológico se tenha tornado popular como uma abordagem amiga do ambiente para o controlo da murchidão de Fusarium, que é analisada na parte relativa ao controlo biológico.

2.3.1 Eficácia dos fungicidas contra a murchidão

Agnihotri e Sharma (1987) referiram que o carbendazim e o tirame são os melhores corretivos de sementes contra *F. oxysporum* f. sp. *cumini*. Champawat (1990) referiu que, entre os 10 fungicidas testados *in vitro* e *in vivo* contra o agente patogénico da murchidão dos cominhos, o Bavistin (carbendazim) e o RH 893 (tiofanato metílico) foram os mais eficazes na inibição do crescimento do agente patogénico *in vitro* e no aumento da germinação das sementes e do vigor das plântulas *in vivo*.

Champawat & Pathak (1991) referiram que o tratamento de sementes com carbendazim e benomil proporcionou o melhor controlo do *Fusarium oxysporum* que causa a murchidão dos cominhos.

De *et al.* (2003) também referiram que o tratamento de sementes com bavistina@ 2g/kg controlava *F. oxysporum* f. sp. *lentis* no campo e aumentava significativamente o rendimento da cultura.

Ghasolia & Jain (2004) também observaram que o carbendazim (0,2%) reduziu a mortalidade de plântulas antes e depois da emergência (8% - 10%) e aumentou a germinação de sementes e o índice de vigor da murcha de cominho. Entre os fungicidas sistémicos, o carbendazim foi altamente eficaz na inibição do crescimento de *F. oxysporum* f.sp. *gladioli* nas três concentrações (0,025%, 0,05% e 0,1%). (Kulkarni, 2006).

Jadeja e Nandoliya (2008) referiram que a aplicação de grânulos de carbendazim @ 10 kg ha⁻¹ um mês após a sementeira foi eficaz para a gestão da murchidão do cominho (*Cuminum cyminum*) causada por *Fusarium oxysporum* f. sp. *cumini*. Maheshwari *et al.* (2008) observaram que o carbendazim se revelou o fungicida mais eficaz para controlar o crescimento fúngico de *Fusarium oxysporum*.

Deepak e Lal (2009) referiram que o trimetil, o dissulfureto de tiurame, o propiconazol, o carbendazime e o oxicloreto de cobre foram eficazes na gestão da murchidão do cominho (*Cuminum cyminum*) causada por *Fusarium oxysporum* f. sp. *cumini*.

Raheja e Patel (2011) estudaram o efeito de diferentes fungicidas contra a murchidão do cominho causada por *Fusarium oxysporum* f. sp. *cumini* e relataram que o tratamento de sementes com Bavistin (carbendazim) resultou na maior germinação de sementes de 81.66 por cento e a menor incidência de murchidão de 24,48 por cento, seguido de carbendazim 12% + mancozebe 63%, que mostrou uma germinação de 80,00 por cento e uma incidência de murchidão de 25,00 por cento, enquanto no controlo, a germinação e a incidência de murchidão foram de 33,33 e 80,00 por cento, respetivamente.

Bhatnagar *et al.* (2013) relataram que o carbendazim, juntamente com o extrato de semente de nim, resultou na redução da murcha do cominho (*Fusarium oxysporum* f. sp. *cumini*).

2.3.2 Controlo biológico

Os agentes de controlo biológico são utilizados para gerir a murcha de Fusarium devido a restrições ambientais e económicas associadas a outras estratégias de controlo. O controlo biológico pode ser utilizado como única abordagem de gestão da doença ou combinado com outros métodos de controlo numa estratégia integrada de gestão da doença. As dificuldades em controlar as doenças causadas pela murchidão de Fusarium sem a utilização excessiva de produtos químicos estimularam um interesse renovado no controlo biológico como alternativa de gestão de doenças.

Os organismos de biocontrolo, por si só, têm a capacidade de reduzir a incidência de doenças, mas muitas vezes têm um desempenho mais eficiente quando utilizados em combinação com outros agentes de biocontrolo e diferentes estratégias de gestão integrada de doenças. As bactérias e os fungos benéficos para as plantas que colonizam as raízes são importantes na proteção das plantas contra os agentes patogénicos das raízes. Os principais grupos de organismos benéficos para as plantas que controlam as doenças causadas pela murchidão de Fusarium consistem em espécies bacterianas pertencentes a *Pseudomonas* e *Bacillus,* e *F. oxysporum* não patogénico (Haas e Defago. 2005). Vários outros micróbios foram relatados como redutores da incidência da murcha de Fusarium. Estes incluem os actinomicetas e fungos como *Trichoderma* spp. (Belgrove, 2007).

2.3.2.1 Eficácia dos agentes biológicos contra a murchidão de Fusarium

Aplicação de *Trichoderma* spp. e *Pseudomonas* spp.

Van Peer *et al.* (1991) demonstraram que a produção de fitoalexina na planta do cravo aumentou após a colonização radicular de *P. fluorescens* e a inoculação com *F. oxysporum* f. sp. *dianthi*.

Leeman *et al.* (1995) mostraram que os lipopolissacáridos de *P. fluorescens* induziram resistência contra a murcha de Fusarium do rabanete.

Somasekhara *et al.* (1996) referiram que bioagentes como *T. viride, T. harzianum* e *T. hamatum* eram eficazes no controlo da murchidão do feijão-frade causada por *F. oxysporium* f. sp. *udum*.

Pseudomonas fluorescentes isoladas de solos supressores de doenças podem reduzir a murcha de Fusarium induzindo resistência à doença que é transferida sistemicamente para todas as raízes das plantas (Van Loon *et al.* 1998; Pieterse *et al.* 2001). A estirpe WCS 417 de *P. fluorescens* induziu resistência no cravo contra a murchidão de Fusarium em cultivares que variam de resistentes a susceptíveis (Van Loon *et al.* 1998).

Aghnoom *et al.* (1999) relataram que o tratamento de sementes com *T. harzianum* (isolado T-2) foi eficaz na redução da murcha do cominho em condições de laboratório e de estufa. Patel e Patel (1998) registaram a supressão do crescimento micelial de *F. oxysporum* f. sp. *cumini* por *T.*

harzianum e *T. koningii*. Vyas e Mathur (1999) e Aghnoom *et al.* (2002) observaram que *Trichoderma harzianum* é um potencial agente de biocontrolo contra a *murcha* de *Fusarium* do cominho através de antibiose e hiperparasitismo.

Thangavelu *et al.* (2003) mostraram que o conteúdo fenólico das bananeiras inoculadas com *P. fluorescens* aumentou após a inoculação com *F. oxysporum* f.sp. *cubense*.

Khan *et al.* (2004) registaram que a aplicação combinada de *Trichoderma harzianum* 11 x 10^8 cfu e *Pseudomonas fluroscence* 80 x 10^3 cfu dá a menor incidência de murchidão 12,5 %.

Israel & Lodha (2005) também sugeriram a aplicação no solo de estirpes de *Aspergillus versicolor* e *T. harzianum* tolerantes ao calor para a redução do inóculo de   *F. oxysporum* f. sp. *cumini* e aumentou o comprimento das raízes das plantas de cominho.

Singh *et al.* (2007) realizaram uma experiência para avaliar a eficácia de uma formulação de *Trichoderma harzianum* na doença da murchidão do cominho causada por *Fusarium oxysporum* f, sp. *cumini*. Relataram que a incidência da murchidão nas parcelas de tratamento de sementes com Trichoderma foi de 9,2 a 23,8 e de 8,5 a 21,4 em comparação com 68,3 e 69,67 por cento no controlo durante o primeiro e segundo anos da experiência, respetivamente. No tratamento com Trichoderma, o rendimento registado foi de 6,17 a 6,89 q/ha em comparação com 4,39 e 4,73 q/ha no controlo não tratado durante o primeiro e segundo anos da experiência, respetivamente.

Deepak *et al.* (2008) realizaram uma experiência para avaliar a sua possível utilização como bio-agentes para vários fungos antagonistas no crescimento de dois agentes patogénicos fúngicos do cominho em condições *in vitro* e de campo. Em condições *in vitro,* foi observada uma inibição máxima (82,86%) do crescimento radial de *Fusarium oxysporum* f. sp. *cumini* com o tratamento de *Trichoderma harzianum* estirpe I. aplicado em condições de campo como tratamento do solo/tratamento de sementes ou como pulverização foliar. A menor incidência da doença da murchidão foi encontrada quando o solo foi tratado com *Trichoderma harzianium* estirpe I à taxa de 24g / $6m^2$ (peso do fungo com sementes de sorgo).

Jadeja e Nandoliya (2008) referiram que a aplicação de *Trichoderma viride* em veículo orgânico a 62,5 kg ha^{-1} na altura da sementeira foi eficaz para a gestão da murchidão do cominho (*Cuminum cyminum*) causada por *Fusarium oxysporum* f. sp. *cumini*. Foi comunicada uma proteção eficaz contra uma vasta gama de agentes patogénicos, nomeadamente *F. oxysporum* e *Pythium aphanidermatum*, no tomateiro, através da aplicação de *T. harzianum* e *Gliocladium virens* nas sementes (Ahmad e Upadhyay, 2009).

Chawla e Gangopadhyay (2009) estudaram a potencialidade antagonista de *Trichoderma harzianum*, *T. viride*, *Pseudomonas fluorescens* e *Bacillus subtilis* contra *Fusarium oxysporum* f. sp. *cumini* e registaram que o tratamento de sementes com formulações à base de talco de *P. fluorescens* e *T. harzianum* proporcionou um excelente controlo da murcha de Fusarium em condições de estufa.

Gangopadhyaya e Gopal (2010) estudaram a eficácia de *Trichoderma harzianum* e *T. viride* utilizados como tratamento de sementes e aplicação no solo com e sem estrume de quinta no controlo da murchidão do cominho (*Cuminum cyminum*) causada por *Fusarium oxysporum* f. sp. *cumini*. Entre as 12 combinações testadas, a redução máxima na incidência da doença foi registada quando o *T. harzianum* foi utilizado como tratamento de sementes @ 4 g kg^{-1} sementes + aplicação no solo @ 5 g kg^{-1} solo juntamente com a emenda do solo de estrume de quintal @ 10 kg-1 solo.

Barnwal *et al.* (2011) registaram que a preparação das sementes com *T. viride* a 4 g kg^{-1} sementes mais a aplicação no solo de bagaço de óleo de nim a 250 kg/ha deu 40 por cento de controlo da murchidão do tomate (*Fusarium oxysporum*) em relação ao controlo.

Chawla *et al.* (2012) estudaram o efeito do tratamento de sementes de *T. hazianum*, *T. viride*, *Pseudomnas fluroscence* e *Bacillus substilis* na murcha do cominho causada por *Fusarium oxysporum* f. sp. *cumini*. Relataram que o tratamento de sementes (8g/kg de semente) de *T. hazianum, T. viride* e *Pseudomnas fluroscence* controlava 62,14, 59,51 e 65,60 por cento, respetivamente

Consórcio de agentes de controlo biológico

O controlo biológico de fungos patogénicos na rizosfera radicular pode ser melhorado através da utilização de combinações de agentes de biocontrolo, especialmente se estes apresentarem modos de ação diferentes ou complementares. O consórcio microbiano é um grupo de espécies de microrganismos que actuam em conjunto como uma comunidade. Num consórcio, os organismos trabalham em conjunto de uma forma complexa e sinérgica. Os consórcios microbianos são muito mais eficientes do que as estirpes individuais de organismos com capacidades metabólicas diversas (Sudharani *et al.* 2014).

A combinação de diferentes estirpes de *P. fluorescens* melhorou a supressão da doença da murchidão de Fusarium do rabanete mais do que quando se utilizou apenas uma estirpe (De Boer *et al.* 1999).

A combinação de *P. fluorescens*, *T. harzianum* e *Trichoderma viride* Pers.Fr teve um bom desempenho contra *F. oxysporum* f. sp. *cubense* para reduzir a incidência de murchidão em bananeiras (Saravanan *et al.* 2003).

Prasad *et al.* (2002) observaram dois fungos antagonistas, *T. harzianum* (PDBCTH-10) e *T. viride* (PDBCTV), contra a murchidão (*F. oxysporium* f. sp. *ciceri*) e a podridão húmida da raiz (*Rhizoctonia solani*) do grão-de-bico no campo e referiram que a aplicação no solo de *T. harzianum* e *T. viride* uma semana antes da sementeira foi mais eficaz na redução da murchidão e da podridão húmida da raiz do grão-de-bico. O consórcio (*T. viride* + *T. harzianum* + *T. hamatum*) revelou-se muito

eficaz no controlo da murchidão do grão-de-bico devido ao efeito sinérgico.

Num estudo de cultura em vaso, a inoculação de plântulas com *Trichoderma harzianum -I1 + Pseudomonas fluorescens -P1* deu melhores resultados, seguida de *T. harzianum-I1 + P. fluorescens-P2* na gestão do complexo de podridão radicular (*Fusarium oxysporum*) da gerbera (Padghan e Gade, 2006).

2.3.2.1 Medição da população microbiana

A população microbiana no solo da rizosfera influencia a sobrevivência e a sua capacidade como agente patogénico. Normalmente, o aumento da força microbiana no solo reduz a sobrevivência e o desenvolvimento de agentes patogénicos oportunistas, o que favorece a saúde das plantas.

Larkin *et al.* (1993) estudaram a dinâmica populacional e a germinação de clamidósporos de *Fusarium oxysporum* f. sp. *niveum*, bem como a colonização de raízes de melancia por este fungo em relação a outros microrganismos no solo e verificaram que as populações de fungos se mantiveram estáveis em solos de monocultura durante um período de 6 meses, embora tenham aumentado um pouco no início, e permaneceram em níveis mais elevados quando adicionados a solos propícios.

Vyas e Mathur (2002) estudaram a distribuição de *Trichoderma* spp. na rizosfera do cominho e o seu efeito na murchidão do campo do agricultor após 60 dias de sementeira. Verificaram que uma maior população de *Trichoderma* spp. no solo reduzia a contagem de Fusariose e a incidência de murchidão.

Khan *et al.* (2004) estudaram a população microbiana e a incidência da murchidão do grão-de-bico. No solo tratado com agentes patogénicos/bioagentes combinados e separados. Registaram uma baixa população de *Fusarium* spp. com menor incidência de murchidão sob uma população mais elevada de *Trichoderama* spp./*Pseudomonas fluroscence*.

Isarel e Lodha (2004) estudaram a dinâmica populacional de *Fusarium oxysporum* f. sp. *cumini* e relataram que a população inicial de 2,3 x 10^3 cfu g-1 aumentou gradualmente no solo plantado com cominho, atingindo 8,6 x 10^3 cfu g-1. As populações de bactérias, fungos e actinomicetos seguiram uma tendência semelhante à de *Fusarium oxysporum* f. sp. *cumini* durante o crescimento de plantas de cominho na primeira estação a 0-5 cm de profundidade do solo, mas o maior aumento a esta profundidade foi o dos actinomicetos.

Barakat e Masri (2009) estudaram o efeito do agente de biocontrolo *Trichoderma harzianum* em combinação com uma emenda orgânica na supressão da murcha de Fusarium do tomateiro. Relataram que a combinação de *T. harzianum* e OA a uma concentração de 6 e 10% reduziu a população de *F. oxysporum* após 18 e 28 meses de incubação do solo, em comparação com os controlos correspondentes. A população *de F. oxysporum* foi reduzida em 28% após 18 meses com concentrações de 6 e 10% de OA. Após 28 meses com estas concentrações de AO, a população de *F. oxysporum* foi reduzida em mais 39 e 54% em comparação com o controlo. Um dos factores para a redução do agente patogénico pode ser a população microbiana.

Chawla *et al.* (2012) estudaram o efeito do tratamento de sementes de *T. hazianum, T. viride, Pseudomnas fluroscence* e *Bacillus substilis* na população de *Fusarium oxysporum* f. sp. *cumini* no solo. A população do agente patogénico na colheita no tratamento de *T. hazianum T. viride, P. fluroscence* e controlo foi de 23,44 x 10^5 , 23,22 x 10^5 , 21,28 x 10^5 e 50 x 10^5 cfu, respetivamente.

CAPÍTULO - III

MATERIAIS E MÉTODOS

A investigação sobre a caraterização e a gestão de *Fusarium oxysporum* f. sp. *cumini* que causa a murchidão do cominho foi efectuada no Departamento de Fitopatologia, Faculdade de Agricultura, Universidade Agrícola de Junagadh, Junagadh.

3.1 Procedimentos laboratoriais gerais

3.1.1 Material de vidro

Todos os objectos de vidro utilizados durante o estudo eram de fabrico normalizado. Estes foram limpos por imersão durante a noite numa solução de ácido crómico a seis por cento, seguida de lavagem com água da torneira e secagem.

3.1.2 Equipamentos

Os equipamentos de laboratório utilizados foram autoclave, estufa, incubadora, frigorífico, balança física, balança eletrónica, microscópio, etc.

3.1.3 Esterilização

Todos os meios foram esterilizados a 1,2 kg/cm^2 [15 lbs psi] de pressão de vapor e $121,6^0$ C num autoclave durante 15 minutos. O material de vidro foi esterilizado num forno eletrónico de ar quente a 180^0 C durante uma hora.

3.2 Isolamento e Purificação

Os cominhos, naturalmente infectados e com sintomas típicos de murchidão, foram colhidos nos campos dos agricultores e levados para o laboratório.

O isolamento do fungo foi efectuado através da técnica de isolamento de tecidos. Pequenos pedaços de tecido da raiz infetada (3 mm), juntamente com alguns tecidos saudáveis, foram cortados com uma lâmina de barbear esterilizada e os tecidos cortados foram esterilizados à superfície com uma solução de cloreto de mercúrio a 0,1 por cento durante cerca de 30 a 60 segundos. Em seguida, foram lavados quatro vezes com água destilada esterilizada para remover o excesso de cloreto de mercúrio. Finalmente, foram transferidas, sob condições assépticas, para placas de Petri contendo ágar dextrose de batata (PDA) e incubadas a 28 ± 2^0 C. A cultura fúngica resultante foi purificada pelo método da ponta de hifa. A cultura purificada foi mantida armazenada sob refrigeração (10°C). Para manter a cultura para estudos posteriores, foram efectuadas transferências periódicas de três em três meses. O fungo foi isolado, purificado e submetido a subcultura numa câmara de isolamento com um fluxo laminar.

Os isolados do agente patogénico foram identificados com base em caracteres e na morfologia dos esporos (Booth, 1971). Foram tiradas microfotografias dos isolados *de F. oxysporum* f. sp. *cumini* utilizando um microscópio de imagem para descrever a morfologia dos esporos.

3.3 Patogenicidade dos isolados

Durante a primeira época do ano (2011-12), 15 isolados e, na segunda época do ano (2012-13), 30 isolados foram selecionados quanto à sua patogenicidade na cultivar de cominhos GC-4, num ensaio em vaso. No primeiro ano, foram aplicadas duas taxas de inoculação, ou seja, 30 g/vaso e 50 g/vaso. No segundo ano, apenas se aplicaram 50 g de cultura por vaso. O método comum aplicado em ambos os anos é o mesmo que o utilizado no segundo ano, com uma diferença na taxa de inoculação. No segundo ano, a natureza patogénica de um total de 30 isolados (Quadro 3.1) de *Fusarium oxysporum* foi testada durante a estação *rabi* de 2012-13. Para cada isolado, foram preparados dois conjuntos de vasos (15 cm de largura x 15 cm de profundidade), com quatro vasos em cada um. Um conjunto de vasos, constituído por dois vasos esterilizados, foi preenchido com solo esterilizado a 3 kg/vaso. Estes vasos foram considerados como controlo. Da mesma forma, o segundo conjunto de dois vasos esterilizados foi preenchido com solo esterilizado @ 3 kg/vaso, seguido da inoculação de 50 g da cultura de *Fusarium oxysporum* f. sp.

cumini preparada em meio de farinha de milho e areia misturada na camada superior de 5 cm do solo. A cultivar de cominho GC 4 foi utilizada na experiência em vaso. Este procedimento foi repetido para cada isolado. A rega foi efectuada como e quando necessário. As plantas devem ser observadas regularmente quanto ao aparecimento e desenvolvimento de sintomas de doença. À medida que os sintomas da doença apareciam, o fungo era re-isolado das raízes da planta doente e o fungo re-isolado era levado para uma cultura pura, que mais tarde seria comparada com a original. A percentagem de incidência da murchidão deve ser calculada pela seguinte fórmula.

$$\text{Percentagem de incidência da doença} = \frac{\text{Número total de plantas murchas em dois vasos}}{\text{Número total de plantas em dois vasos}} \times 100$$

Nota:- Os 15 isolados selecionados durante a época de 2011-12 foram obtidos no departamento de fitopatologia, enquanto os restantes 15 isolados (parte de 30 isolados) selecionados na época de 2012-13 foram recolhidos em conjunto (associação do departamento) em diferentes locais.

3.4 Caracteres culturais, morfológicos e moleculares de diferentes isolados de *Fusarium oxysporum* f. sp. *cumini.*

3.4.1 Estudos culturais e morfológicos

1. Todos os trinta isolados de *F. oxysporum* f. sp. *cumini* foram purificados através da técnica da ponta de hifa em placas de PDA e armazenados no frigorífico (10^0 C).

2. Estes isolados foram cultivados separadamente em PDA, em placas de Petri, durante sete dias, para inoculação neste estudo.

3. O estudo cultural de trinta isolados foi efectuado em PDA (200 g de batata, 20 g de dextrose, 20 g de ágar e 1000 ml de água) em petridishes (90 mm).

4. As placas foram inoculadas centralmente com discos de cultura de 4 mm retirados da periferia da cultura com 7 dias de idade (como mencionado anteriormente) e incubadas a 28 ± 2°C.

5. As observações sobre os caracteres culturais, *nomeadamente* a cor, o tipo e o crescimento das colónias, foram registadas uma semana após a inoculação.

6. Os caracteres morfológicos dos esporos dos diferentes isolados foram estudados através da observação em lâminas coradas com azul de algodão num microscópio de imagem.

7. As medições dos conídios e conidióforos foram efectuadas com a ajuda de um microscópio de imagem que mostra o tamanho dos conídios. A esporulação foi registada por exames microscópicos utilizando a seguinte escala.

    -=Ausente ,

    +=Escassez   (1-10 esporos/MF)

    ++=Péssimo   (11-20 esporos/MF)

    +++=Bom   (21-30 esporos/MF)

    ++++=Abundante (>30 esporos/MF), MF = Campo microscópico

Wilson e Knight (1952) e Tuite (1969)

Quadro 3.1: Isolados de *F. oxysporum* f. sp. *cumini* e localizações

N.º Sr.	Isolar	Distrito
1	Vadod-1	Surendranagar
2	Vadod-2	Surendranagar
3	Vadod-3	Surendranagar
4	Surendranagar-1	Surendranagar
5	Surendranagar-2	Surendranagar
6	Surendranagar-3	Surendranagar
7	Surendarnagar-4	Surendranagar

8	Dhangadhra-1	Surendranagar
9	Dhangadhra-2	Surendranagar
10	Dhangadhra-3	Surendranagar
11	Sedla-1	Surendranagar
12	Sedla-2	Surendranagar
13	Devgadh	Surendranagar
14	Hadad	Surendranagar
15	Limdi	Surendranagar
16	Hadala	Surendranagar
17	Surajgadh	Surendranagar
18	Chuda	Surendranagar
19	Kotada sangani-1	Rajkot
20	Kotada sangani-2	Rajkot
21	Devala	Rajkot
22	Ganod	Rajkot
23	Virpur	Rajkot
24	Upleta	Rajkot
25	Chhodavdi	Junagadh
26	Junagadh	Junagadh
27	Keshod-1	Junagadh
28	Mendarda	Junagadh
29	Keshod-2	Junagadh
30	Kadachh	Porbandar

3.4.2 Ensaio molecular

3.4.2.1 EXTRACÇÃO DE ADN

O ADN genómico total foi extraído pelo método de Murray e Thompson (1980) com pequenas modificações.

3.4.2.2 Preparação de soluções de reserva para reagentes e tampões para extração de ADN

Os reagentes e os tampões para o isolamento do ADN foram preparados de acordo com Sambrook et al. (1989). A composição e o procedimento para a preparação de várias soluções de reserva e tampões são apresentados nos quadros 3.2 e 3.3.

Quadro 3.2 Preparação de soluções de reserva para extração de ADN e eletroforese em gel de agarose

Sr. Não	Solução	Método de preparação
1	1 M TrisHCl (pH 8,0), 100 ml	Dissolveram-se 12,11 g de base Tris em 80 ml de água destilada. O pH foi ajustado para 8,0 por adição de HCl concentrado. O volume total foi ajustado para 100 ml. O volume foi colocado num frasco de reagente e esterilizado em autoclave
2	EDTA 0,5 M (pH 8,0), 100 ml	Dissolveram-se 18,60 g de sal dissódico de EDTA em 80 ml de água destilada. O pH foi ajustado para 8,0 pela adição de pastilhas de NaOH. O volume total foi ajustado para 100 ml. O volume foi colocado num frasco de reagente e esterilizado em autoclave
3	NaCl 5 M, 100 ml	Introduziram-se 29,22 g de NaCl num copo; adicionaram-se 50 ml de água destilada e misturou-se bem. Quando os sais se

		dissolveram completamente, o volume final foi ajustado para 100 ml. O volume final foi ajustado para 100 ml e colocado num frasco de reagente, esterilizado em autoclave
4	CTAB 2X, 100 ml	Introduziu-se 2 g de CTAB num copo e adicionou-se 98 ml de água destilada, misturou-se bem e colocou-se no frasco de reagente e armazenou-se à temperatura ambiente
5	4% PVP, 100 ml	Introduziu-se 4 g de PVP num copo e adicionou-se 96 ml de água destilada, misturou-se bem e colocou-se no frasco de reagente, que foi armazenado a 4 C^0
6	Etanol a 70%, 100 ml	Tomaram-se 70 ml de etanol e adicionaram-se 30 ml de água destilada, misturaram-se bem e colocaram-se no frasco de reagente, que foi armazenado a 4 C^0
7	Clorofórmio: Álcool isoamílico (24:1), 100 ml	Mediram-se 96 ml de clorofórmio e 4 ml de álcool isoamílico, misturaram-se bem e armazenaram-se em frascos de reagentes à temperatura ambiente
8	Brometo de etídio (10 mg/ml), 1,0 ml	Adicionou-se 10 mg de brometo de etídio a 1,0 ml de água destilada e manteve-se num agitador magnético para garantir que o corante se dissolvia completamente. O corante foi introduzido num tubo eppendorf de cor âmbar e armazenado a 4 C^0
9	Tampão TE 1X, 100 ml 10 mM TrisHCl (pH 8,0) 0,1 mM EDTA (pH 8,0)	Tomou-se 1,0 ml de TrisHCl (1M), 200 pl de EDTA (0,5M) e adicionou-se água destilada para ajustar o volume final de 100 ml, misturou-se bem, autoclavou-se e armazenou-se à temperatura ambiente
10	Tampão TBE 5X (1 litro) pH 8,0	Foram utilizados 54,5 g de base Tris e 27,5 g de ácido bórico, tendo sido adicionados 20 ml de EDTA 0,5M (pH 8,0). O volume final de 1 litro foi ajustado pela adição de água destilada e o pH foi ajustado para 8,0
11	Acetato de sódio 3 M, 100 ml (pH 5,2)	Dissolveram-se 20,22 g de sal de acetato de sódio tri-hidratado em água destilada e o volume final foi completado para 100 ml. O pH foi ajustado para 5,2
12	6X- Corante de carregamento do gel	Adicionaram-se 250 mg de azul de bromofenol, 250 mg de xileno cianol FF e 30 % de glicerol em 100 ml de água destilada

Quadro 3.3 Preparação do tampão de extração para a extração de ADN

O tampão de extração CTAB (2X) foi preparado utilizando os seguintes componentes e ajustado a 100 ml com H2O ultrapura. Imediatamente antes da utilização, foi aliquotado um volume suficiente para um tubo limpo de 50 ml e adicionados 40 ml de p - mercaptoetanol por 20 ml de solução e o tampão foi pré-aquecido a 65°C.

Solução de reserva	Concentração final	Quantidade por 100 ml
CTAB	2 %	20 ml
NaCl	5M	28 ml
Tris(pH-8)	1M	20 ml
EDTA (pH-8)	0.5M	4 ml
Ureia	0.5%	0.5 g
PVP	4%	4 ml

Água	24 ml
Total	**100 ml**

3.4.2.3 Protocolo de isolamento do ADN genómico

1. As culturas puras de esporos únicos dos isolados *de F. oxysporum* f. sp. *cumini* foram multiplicadas em caldo de dextrose de batata a 25 ± 1^0 C numa incubadora com agitação durante 7 dias.

2. Os tapetes miceliais colhidos foram pesados (50 mg) e triturados num pilão e almofariz previamente arrefecidos com azoto líquido.

3. Foi adicionado ao micélio em pó um tampão de isolamento do ADN (tampão de extração CTAB-ADN) previamente aquecido (750 pl, 650C).

4. O material homogeneizado foi transferido para tubos de centrifugação e incubado durante 45 minutos a 65^0 C num banho de água com agitação suave.

5. Adicionou-se 750 pl de clorofórmio: álcool isoamílico (24:1), misturou-se por inversão durante 15 minutos para assegurar a emulsificação da fase e centrifugou-se a 10 000 rpm durante 10 minutos à temperatura ambiente (25^0 C).

6. A fase aquosa foi transferida para outro tubo novo.

7. Um volume igual de etanol gelado e um volume de 0,1 de acetato de sódio 3 M (pH 5,2) precipitaram o complexo ADN-CTAB sob a forma de um material fibroso. Este foi levantado com uma autopipeta e transformado em tubos de polipropileno e centrifugado a 5000 rpm durante 5 minutos a 4^0 C.

8. Os passos 6-7 foram repetidos duas vezes.

9. Depois de remover o sobrenadante, adicionou-se 1,5 ml de álcool a 70% ao sedimento e manteve-se durante 10 minutos com agitação suave.

10. Centrifugou-se a 10.000 rpm durante 5 minutos a 4^0 C.

11. Os tubos foram invertidos e drenados numa toalha de papel. O sedimento foi seco ao ar durante 45 minutos.

12. Cada sedimento foi dissolvido em 100 pl de tampão TE, mantendo-o durante 30 minutos à temperatura ambiente sem agitação.

3.4.2.4 Purificação do ADN

Para obter uma amostra de ADN sem ARN, foram utilizados os seguintes passos para a purificação:

1. Adicionou-se 1 pl de RNAase a 200 pl de preparação de ADN bruto.

2. Misturou-se bem e incubou-se a 37^0 C durante 1 hora.

3. Adicionaram-se 10 pl de acetato de sódio (pH 5,2) e 300 pl de álcool absoluto (95%) foi acrescentado.

4. Centrifugar durante 15 minutos a 15000 rpm a 4^0 C.

5. Recolheu-se o sobrenadante, evitando a camada esbranquiçada na interface.

6. O ADN foi reprecipitado adicionando o dobro da quantidade de álcool absoluto.

7. Para sedimentar o ADN, os tubos foram centrifugados durante 5 minutos a 5000 rpm a 4^0 C.

8. O sedimento foi lavado com álcool a 70% e seco ao ar durante 30 minutos.

9. O ADN foi novamente dissolvido em 200 pl de tampão TE para utilização posterior.

3.4.2.5 Análise do gel

A integridade do ADN foi avaliada através da análise do gel de agarose nas etapas seguintes.

1. Preparar um gel de agarose (0,8%) de 150 ml em tampão 1X TBE (Tris ácido bórico EDTA) com brometo de etídio (0,5 pg/ml).

2. Foram carregados 20 pl de amostra de ADN

3. O gel foi colocado a 50V-60V durante 1 hora e visualizado sob luz UV.

4. A presença de um compacto único sem banda de esfregaço indica a presença de um vírus puro e
elevado peso molecular do ADN isolado.

3.4.2.6 Estimativa da qualidade e quantidade de ADN

Para efetuar a análise baseada na PCR, a concentração de ADN foi determinada pelo Picodrop PET01 utilizando o software v2.08 (Picodrop Ltd., Cambridge U.K.). Foram colhidos dois microlitros de ADN numa ponta transparente aos raios ultravioleta com uma micropipeta e a quantidade de ADN foi medida em ng. pl⁻ com um rácio A /A$_{260280}$ que variou entre 1,7 e 2,0.

3.4.2.7 Diluição do ADN para a PCR

O ADN quantificado foi diluído até à concentração final de 50 ng/pl adicionando tampão TE (10 mM Tris-Cl, 1 mM EDTA, pH 8,0).

3.4.2.8 Estudo de marcadores moleculares de isolados *de F. oxysporum* f. sp. *cumini*

As técnicas de marcadores moleculares Simple Sequence Repeat (SSR) foram utilizadas para a identificação de *F. oxysporum*. Os primers necessários para as técnicas acima referidas foram sintetizados pela Eurofins. Os primers SSR foram diluídos adicionando uma quantidade igual de água destilada esterilizada e desionizada igual à sua concentração.

Repetição de sequência simples (SSR)

O ADN genómico foi amplificado utilizando os iniciadores enumerados no quadro 3.4. As reacções de PCR para SSR foram realizadas num volume de reação de 25 pl utilizando o método indicado por Dubey e Singh (2008) com algumas pequenas modificações.

Componentes SSR-PCR

Os reagentes utilizados para a amplificação do ADN por SSR-PCR foram os seguintes

(a) Tampão PCR (10X) - Bangalore Genei

(b) Taq DNA polimerase - Bangalore Genei

(c) dNTPs (dATP, dCTP, dGTP e dTTP) - Bangalore Genei

Primário - Eurofins

Tabela 3.4. Lista de iniciadores SSR

Sr. Não.	Marcadores		Sequência (5' - 3')	Tm (⁰C)	GC (%)
1	Contig335	F	TCTTTTGCTCCAGTAGGAGAT	55.78	42.86
		R	ACTCACTATAGGGCGAATTG	54.51	45
2	Contig640	F	CTATGCTGCATCCTCATACAT	55.38	42.86
		R	TAATCAAAAACTCCGTGAGAC	54.54	38.1
3	Contig708	F	TCTTTTGCTCCAGTAGGAGAT	55.78	42.86
		R	GACTCACTATAGGGCGAATTG	56.49	47.62
4	Contig709	F	TCTTTTGCTCCAGTAGGAGAT	55.78	42.86
		R	GACTCACTATAGGGCGAATTG	56.49	47.62
5	Contig797	F	CTATGCTGCATCCTCATACAT	55.38	42.86
		R	TAATCAAAAACTCCGTGAGAC	54.54	38.1
6	Contig818	F	TCTTTTGCTCCAGTAGGAGAT	55.78	42.86
		R	GACTCACTATAGGGCGAATTG	56.49	47.62
7	Contig845	F	TAGGAGATCTGGCTTCGTTA	55.22	45
		R	GTAAACACGGTTTGTAGCAAG	55.18	42.86
8	EC592855	F	GACGAGCGTCAATTTGGA	58.26	50
		R	ACATGGGTAATACCATCTTACA	53.73	36.36
9	EC593223	F	CTATGCTGCATCCTCATACAT	55.38	42.86
		R	AATCAAAAACTCCATGAGACA	54.77	33.33

10	EC597909	F	GTCCTCCTTGACCTGTAAACT	54.96	47.62
		R	TGTGTGTGTGTGTGTGTGTGTT	54.77	45
11	EC598809	F	GTTGCTAATGACTGACTACGG	55.09	47.62
		R	ATGCACAGTCCTAAGACACAG	55.41	47.62
12	BW643996	F	AGAAACACAGCACCTTTTGT	54.93	40
		R	AGTTCTTCCCGGGTCTCT	56.16	55.56
13	BW644663	F	GAGATCTGGCTTCGTTACAG	55.11	50
		R	GTAGAGGGAGGACATGTAGC	53.81	55
14	BW645580	F	GTACAACCTATGCTGCATCTC	54.99	47.62
		R	CCATCGCAAGTAATGGTATAA	55.41	38.1
15	BW645642	F	GCACGAGGGACGAAAAAT	58.64	50
		R	TGGTAAAGTAGGGTCTTCGAC	55.98	47.62
16	BW645664	F	AGAAACACAGCACCTTTTGT	54.93	40
		R	GGCTGCACACTGTCAAGT	55.54	55.56
17	BW645786	F	CTATGCTGCATCCTCATACAT	55.38	42.86
		R	AATCAGTAACTCCGTGAGACA	54.87	42.86
18	BW645883	F	GTTGTACGGGACGTTGATAAT	56.52	42.86
		R	GAGATCTGGCTTCGTTACAG	55.11	50
19	BW646539	F	ATGTCCTCATCACCATCATC	55.5	45
		R	TTCCGATAGTAATTCGTCAGA	55.08	38.1
20	MB-18	F	GGTAGGAAATGACGAAGCTGAC	63.9	55
		R	TGAGCACTCTAGCACTCCAAAC	63.5	40
21	MB-14	F	CGTCTCTGAACCACCTTCATC	63.7	36
		R	TTCCTCCGTCCATCCTGAC	63.6	45
22	BC-5	F	CGTTTT CCA GCA TTTCAAGT	59.8	23
		R	CATCTCATA TTCGTTCCTCA	64.1	38

*   F- Primário direto

*   R- iniciador inverso

Todas as reacções de PCR foram realizadas em tubos de PCR de paredes finas com capacidade de 0,2 ml. De acordo com o cocktail acima descrito, adicionou-se primeiro água esterilizada millipore, seguida da adição da mistura principal de PCR, do iniciador em sequência e, finalmente, do ADN modelo. Os reagentes foram misturados suavemente batendo contra o tubo, seguido de uma breve centrifugação (~3.000 rpm durante 30 segundos). Os tubos foram então colocados no termociclador para amplificação cíclica (Tabela 3.6).

Tabela 3.5. Preparação da mistura de reação para SSR

A mistura de reação para SSR-PCR era constituída pelos seguintes reagentes.

N.º Sr.	Reagente		Quantidade
1	Tampão PCR (10X)		2,5 pl
2	Taq polimerase (3 U/pl)		0,5 pl
3	mistura de dNTPs (2,5 mM cada)		2.0 pl
4	Primer (25 pmoles/pl)	Avançar	1.0 pl
		Inverter	1.0 pl
5	ADN modelo (50 ng/pl)		1.0 pl
6	Água destilada estéril Millipore		17.0pl
	Total		25,0 pl

Tabela 3.6. Condições de PCR para SSR

O termociclador foi regulado para as seguintes condições cíclicas para a análise SSR

Sr.No.	Passos	Temperatura (°C)	Duração
1	Desnaturação inicial	94	4.0 min
2	Desnaturação	94	45 seg
3	Recozimento	Tm ± 2	45 seg
4	Extensão	72	1.30 seg
Repetir os passos 2 a 4 por 35 vezes			
5	Extensão final	72	8.0 min
6	Manter	4	OT

3.4.2.9 Eletroforese do produto amplificado

Os produtos amplificados de SSR foram analisados utilizando gel de agarose a 2,0%, como indicado em RAPD.

3.4.2.10 Pontuação dos produtos PCR

Para marcar e preservar o padrão de bandas, foi tirada uma fotografia do gel num sistema de documentação de gel, sob um transiluminador UV. As bandas SSR foram designadas com base no seu tamanho molecular (comprimento do polinucleótido amplificado). Para estimar o tamanho molecular, foi utilizada uma escada de ADN de 1000 pb para o produto de PCR carregado simultaneamente com os produtos de iniciadores no gel. A distância percorrida pelos fragmentos amplificados a partir do poço foi traduzida em tamanho molecular com referência ao peso molecular do marcador. A presença de cada banda foi classificada como "1" e a sua ausência como "0". As bandas fracamente visíveis não foram classificadas.

3.4.2.11 ANÁLISE ESTATÍSTICA

Cálculo do conteúdo de informação polimórfica (PIC)

O conteúdo de informação polimórfica (PIC) para SSR foi calculado com base na frequência dos alelos utilizando a seguinte fórmula (Anderson *et al.* 1993).

$$PIC_i = 1 - \sum_{j=1}^{n} P_{ij}^2$$

Em que Pij é a frequência do j-ésimo alelo para o marcador i e o somatório estende-se a n alelos.

Os valores PIC foram utilizados para o índice de primers SSR (SPI), que foi gerado pela multiplicação dos valores PIC de todos os marcadores amplificados pelo mesmo primer.

Análise de dendrogramas

As bandas claras e distintas amplificadas pelos primers SSR foram classificadas quanto à presença (1) e ausência (0) da banda correspondente entre os isolados. Os dados foram introduzidos numa folha de dados MS-Excel e subsequentemente analisados utilizando a versão 2.02 do NTSYSpc (Rohlf, 1998).

A matriz de dados foi lida pelo programa NTSYS-pc versão 2.2 (Numerical Taxonomy and Multivariate Analysis System for Personal Computers, Exeter Software) desenvolvido por F.J. Rohlf e analisada pelo programa SIMQUAL (Similarity for Qualitative data) com o coeficiente de similaridade de Jaccard. O SIMQUAL é um programa que permite calcular uma série de coeficientes de semelhança e de dissemelhança para dados qualitativos. A natureza qualitativa do estado de ausência (0) ou presença (1) do marcador SSR foi utilizada como base para a análise de semelhança entre vários isolados *de F. oxysporum* f. sp. *cumini*. Uma matriz de 0 e 1 actua como entrada e a saída é uma matriz de coeficientes de similaridade ou dissimilaridade. A matriz de semelhança resultante foi introduzida no programa de agrupamento SAHN (Sequential,

Agglomerative, Hierarchical and Nested Clustering method), tendo sido produzida uma matriz de árvore e construído um dendrograma utilizando o método UPGMA (Unweighted Pair-Group Method with Arithmetic Averages). O pressuposto subjacente à utilização do agrupamento UPGMA é a igual taxa de evolução ao longo de todos os ramos do dendrograma. Os dendrogramas com qualidade de publicação foram produzidos a partir do ficheiro da árvore de saída do SAHN pelo programa TREE (Tree display) em modo gráfico.

3.5 Rastreio de genótipos

Um total de quinze genótipos de cominhos foi adquirido na Spice Research station, Jagudan (Sardarkrishi nagar Dantiwada Aagricultuaral Uuniversirty). O teste de patogenicidade foi efectuado através do método de inoculação no solo (tal como descrito no teste de patogenicidade), utilizando o isolado de Junagadh. O teste de rastreio foi realizado durante a *rabi* 2012-13 e *a rabi* 2013-14. Os genótipos submetidos aos testes de rastreio foram GC-2, GC-3, GC-4, JC-2000-3, JC-2000-4, JC-2000-9, JC-2000-11, JC-2000-20, JC-2000-21, JC-2000-22, JC-2000-27, JC-2000-29, JC-2000-40, JC-2000-53 e JC-2000-54.

3.6 Eficácia dos fungicidas convencionais como tratamento de sementes e de rega contra a murchidão dos cominhos

Um experimento de campo foi estabelecido para estudar a eficácia de fungicidas convencionais como tratamento de sementes e irrigação contra a murcha de cominho. O experimento foi realizado durante o *Rabi* 201112, 2012-13 e 2013-14 na Fazenda do Departamento de Fitopatologia, JAU, Junagadh, em um projeto de blocos aleatórios com oito tratamentos e três repetições. Todas as práticas agronómicas recomendadas foram seguidas durante a experimentação. Os pormenores da experiência são apresentados a seguir.

As dimensões bruta e líquida das parcelas foram de 5 x 2,5 m e 4 x 2,0 m, respetivamente. A variedade de cominhos Gujarat cumin-4 foi utilizada na experiência. Todas as parcelas experimentais foram artificialmente inoculadas com uma cultura de 10 dias de idade de *Fusarium oxysporum* f. sp. *cumini* preparada em grãos de sorgo duas semanas antes da sementeira @250g/parcela.

A observação das plantas murchas foi registada semanalmente a partir do início. Após cada observação, as plantas murchas foram arrancadas e destruídas. A incidência da doença foi calculada através da seguinte fórmula.

$$\text{Por cento de incidência de murchidão} = \frac{\text{N.º total de plantas murchas registadas durante toda a época de colheita}}{\text{Estande inicial de plantas}} \times 100$$

3.6.1 Quantificação da população microbiana

Para quantificar a densidade de fungos totais, bactérias totais, *Fusarium* spp., *Trichoderma* spp. e *Pseudomonas* spp. dos diferentes tratamentos, foram avaliadas as amostras de solo. Foram recolhidas amostras de solo (1g/parcela) de cada repetição em três alturas durante a época de cultivo: inicial, 45 DAS e na colheita. Do mesmo modo, aos 45 dias de idade da cultura, foram também recolhidas amostras de solo do rizoplano da planta murcha para cada réplica.

Todas as amostras de solo foram armazenadas no frigorífico. A população de micróbios em cada amostra de solo foi determinada em meios selectivos através da técnica de diluição, tal como referido por Benson (2002).

População do solo da população total de fungos em PDA (Atlas, 2010), contagem total de bactérias em NA (Atlas, 2010). *Fusarium* foi avaliado em meio Komada (Komada, 1975), *Trichoderma* em meio Rose Bangal Agar (Elad e Chet, 1983), e *Pseudomonas* em meio King's B (Atlas, 2010). As composições dos diferentes meios são apresentadas a seguir.

Materiais necessários:

Água esterilizada (250ml)	: 100 ml em frascos cónicos
Água esterilizada	: 9 ml em tubos de ensaio
Pipetas esterilizadas	: 1ml
Petrechos esterilizados	

Meio de ágar Rosa de Bengala (RBA)

Água destilada	: 1000 ml
Sulfato de magnésio	: 0.2g
K2HPO4	: 0.9g
Nitrato de amónio	: 1.0g
Cloreto de potássio	: 0.15g
Glicose	: 3.00g
Ágar	: 15.00g
Rosa de Bengala	: 0.15
Cloromfenicol	: 0.25g

Meio de Agar de Dextrose de Batata

Água destilada	: 1000 ml
Batata descascada	:200g
Dextorse	: 15.00g
Ágar	: 20.00g
Cloromfenicol	: 0.25g

Meio de ágar nutriente

Água destilada	: 1000 ml
Ágar	: 20.00g
Peptona	: 5g
Extrato de carne de bovino	: 3g
Nacl	: 5g

Meio Komada-Fusarium

Água destilada :	1000 ml
$Na_2B_4O_7 \times 10H_2O$:	1 g
K2HPO4	: 1 g
KCl :	0.5 g
$MgSO_4 \times 7H_2O$:	0.5 g
Fe-Na-EDTA :	0.01 g
D-Galactose :	20 g
L-Asparagina :	2 g
Ágar :	15 g

King's B medium

Água destilada	: 1000 ml
Ágar	: 15.00g
K2HPO4	: 0.9g
Sulfato de magnésio	: 0.2g
Proteose peptona	: 290 g
Glicerol	:10 ml

3.6.2 Método da diluição em série,

* Uma amostra de solo de um grama de cada parcela foi suspensa em 9 ml de água destilada esterilizada para preparar a diluição de 1:10 ou 10^{-1}.
* Agitar bem os tubos.
* Um ml de suspensão da diluição de 10^{-1} foi transferido para um tubo de ensaio cheio com 9 ml de água esterilizada para preparar a diluição de 1:100 ou 10^{-2}.
* Deste modo, foram efectuadas séries de diluições, transferindo 1 ml da suspensão para os tubos subsequentes, de modo a obter a diluição desejada para o respetivo microrganismo.
* Para a contagem dos fungos (fungos totais, *Fusarium* spp. e *Trichoderam* spp.) e bactérias (bactérias totais e *Pseudomonas* spp.), as respectivas diluições foram 10^{-3} e 10^{-8}.
* Um ml da suspensão de solo desejada foi transferido para placas de Petri contendo meio e repetido três vezes para cada parcela (replicação).
* Depois de rodar suavemente, as placas foram incubadas à temperatura ambiente ($27\pm20C$).

3.6.3 Rendimento:

A produção de sementes foi registada em kg no momento da colheita. A percentagem de aumento do rendimento em cada tratamento em relação ao controlo foi calculada pela seguinte fórmula:

$$\text{Aumento do rendimento (\%)} = \frac{\text{Rendimento no tratamento (kg)} - \text{Rendimento no controlo (kg)}}{\text{Rendimento no controlo (kg)}} \times 100$$

Quadro 3.7. Eficácia dos fungicidas convencionais como tratamento de sementes e irrigação contra a murcha do cominho

Tratamento	Detalhes do tratamento
T1	Tratamento de sementes com carbendazime + mancozebe 3g/kg de semente
T2	Irrigação de carbendazime 0,1% 30DAS@1 lit/metro quadrado
T3	Irrigação de carbendazim 0,05% 30DAS@1 lit/metro quadrado
T4	Irrigação de carbendazim 0,025% 30DAS@1 lit/metro quadrado
T5	Drenagem de oxicloreto de cobre 0,3% 30DAS@1 lit/metro quadrado
T6	Embebição de oxicloreto de cobre 0,2% 30DAS@1 lit/metro quadrado
T7	Drenagem de oxicloreto de cobre 0,1% 30DAS@1 lit/metro quadrado
T8	Controlo (sem tratamento de sementes e irrigação)

3.7 Eficácia do consórcio de bioagentes contra a murchidão do cominho

Foi organizada uma experiência de campo para estudar a eficácia do consórcio de bioagentes contra a murchidão do cominho. A experiência foi realizada durante o *Rabi* 2012-13 e 2013-14 na quinta do Departamento de Fitopatologia, JAU, Junagadh, num desenho de blocos aleatórios com oito tratamentos e três repetições. Todas as práticas agronómicas recomendadas foram seguidas durante a experimentação. Os detalhes da experiência são apresentados abaixo.

As dimensões bruta e líquida das parcelas foram de 5 x 2,5 m e 4 x 2,0 m, respetivamente. A variedade de cominhos Gujarat cumin-4 foi utilizada na experiência. Todas as parcelas experimentais foram artificialmente inoculadas com uma cultura de 10 dias de idade de *Fusarium oxysporum* f. sp. *cumini* preparada em grãos de sorgo duas semanas antes da sementeira @250g/parcela.

As observações sobre as plantas murchas foram registadas a partir do início da doença. A incidência da doença e o rendimento total foram calculados como mencionado na experiência de campo anterior. A densidade de inóculo de fungos totais, bactérias totais *Fusarium* spp., *Trichoderma* spp. e *Pseudomonas* spp. de diferentes tratamentos foi estabelecida conforme descrito na experiência de campo anterior.

Quadro 3.8. Eficácia do consórcio de bioagentes contra a murchidão do cominho

Tratamentos	Detalhes do tratamento
T1	Aplicação no solo de *Trichoderma harzianum* @ 5 kg em 500 kg de FYM/ha no momento da sementeira e aplicação no solo de *T. harzianum* @ 5 kg/ha em 100 kg de solo um mês após a germinação
T2	Aplicação no solo de *Trichoderma viride* @ 5 kg em 500 kg de FYM/ha no momento da sementeira e aplicação no solo de *T. viride* @ 5 kg/ha em 100 kg de solo um mês após a germinação
T3	Aplicação no solo de *Pseudomonas fluorescens* @ 5 kg em 500 kg de FYM/ha no momento da sementeira e aplicação no solo de *P. fluorescens* @ 5 kg/ha em 100 kg de solo um mês após a germinação
T4	Aplicação no solo de *Trichoderma harzianum* @ 2,5 kg + *T. viride* @ 2,5 kg em 500 kg de FYM/ha no momento da sementeira e aplicação no solo de *T. harzianum* @ 2,5 kg + *T. viride* @ 2,5 kg /ha em 100 kg de solo um mês após a germinação
T5	Aplicação no solo de *Trichoderma harzianum* @ 2,5 kg + *P. fluorescens* @ 2,5

	kg em 500 kg de FYM/ha no momento da sementeira e aplicação no solo de *T. harzianum* @ 2,5 kg + *P. fluorescens* @ 2,5 kg/ha em 100 kg de solo um mês após a germinação
T6	Aplicação no solo de *T. viride* @ 2,5 kg + *P. fluorescens* @ 2,5 kg em 500 kg de FYM/ha no momento da sementeira e aplicação no solo de *T. viride* @ 2,5 kg + *P. fluorescens* @ 2,5 kg ha em 100 kg de solo um mês após a germinação
T7	Aplicação no solo do consórcio *T. harzianum* + *T. viride* +*P. flurescens* @ 5 kg em 500 kg de FYM/ha no momento da sementeira e aplicação no solo de *T. harzianum* + *T. viride* +*P. flurescens* @ 5 kg/ha em 100 kg de solo um mês após a germinação
T8	Controlo

Nota: Bioagentes à base de talco com uma força de 10^7 /g CFU.

CAPÍTULO - IV

RESULTADOS EXPERIMENTAIS E DISCUSSÃO

Os cominhos (*Cuminum cyminum* L.), conhecidos localmente como "*Jeera*" ou "*Jiru*", pertencem à família *Umbelliferae*. É um condimento indispensável consumido em todos os lares indianos. A Índia é o maior produtor e consumidor de sementes de cominho do mundo. A Índia exporta sementes de cominho para o Bangladesh, o Brasil, o Japão, a Malásia, Singapura, o Nepal, o Reino Unido e muitos outros países. A cultura do cominho é afetada principalmente por três doenças importantes, nomeadamente o míldio (*Alternaria burnsii*), a murchidão (*Fusarium oxysporum* f. sp. *cumini*) e o oídio (*Erysiphe polygoni*) (Dange, 1995). A elevada incidência de cada doença causa perdas económicas em locais específicos. Vyas e Mathur (2002) relataram perdas de rendimento de até 35% em campos de cominho afectados pela murchidão em alguns distritos do Rajastão. Anteriormente, Dange *et al.* (1992) também registaram perdas de 7,0 a 30,6 por cento em Gujarat apenas devido à incidência da murchidão. Todos os anos, em Gujarat, observa-se uma incidência moderada a grave de murchidão em bolsas dispersas, uma vez que nenhuma cultivar praticada é resistente.

Assim, a presente investigação foi levada a cabo para descobrir a natureza patogénica e a variabilidade de diferentes isolados, o rastreio de cultivares e o ensaio de produtos químicos e bioagentes para a gestão da murchidão, em condições de campo, a fim de encontrar uma solução para os problemas actuais na cultura do cominho.

4.1 Isolamento, purificação e identificação do agente patogénico

Foram recolhidas plantas de cominho naturalmente infectadas com sintomas típicos de murchidão em 15 e 30 locais da região de Saurashtra durante as estações *rabi* de 2011-12 e 2012-13. O fungo causal foi isolado em cultura pura em meio PDA. A maioria dos isolados do agente patogénico teve um crescimento rápido em PDA. O patogéneo produziu micélio aéreo branco cotonoso a branco opaco/pálido com descoloração amarela pálida a castanha do substrato em PDA. A esporulação iniciou-se após quatro dias de incubação.

Foram estudados os caracteres morfológicos e culturais de diferentes isolados. Com base nos caracteres especificados, os isolados foram identificados como *Fusarium oxysporum*. Esta cultura foi periodicamente submetida a subcultura e mantida no mesmo meio.

4.1.1 Patogenicidade dos isoaltos

A patogenicidade de quinze e trinta isolados *de F. oxysporum* foi testada em cominhos c.v. GC-4 pelo "método de inoculação no solo", conforme descrito em "Materiais e Métodos", durante dois anos (2011-12 e 2012-13), respetivamente. O teste de patogenicidade indicou que estes isolados variavam na percentagem de infeção.

Em condições controladas, os isolados patogénicos criados em condições artificialmente inoculadas mostraram todos os sintomas típicos de murchidão e o reisolamento da planta doente produziu caracteres idênticos do agente patogénico em PDA, bem como no ensaio em vaso.

Na primeira época do ano (2011-12), quinze isolados com duas taxas de inoculação, ou seja, 30 g/pot e 50 g/pot, foram selecionados contra a variedade de cominhos GC-4 (quadro 4.1, figura 1). Entre todos os isolados, a incidência mais elevada da doença foi registada no isolado de Junagadh em ambas as taxas de inoculação, com 100% de incidência da doença. No isolado de Dhangadhra, com 50 g e 30 g de taxa de inoculação, a IDP foi de 100% e 80%, seguida do isolado de Devla (90 e 70 IDP) e do isolado de Surendranagar-2 (90 e 60 IDP). Por outro lado, os isolados de Surendranagar-1, Sedla, Limdi e Hadala foram considerados não patogénicos.

Na segunda época (2012-13), trinta isolados foram testados contra a variedade de cominhos GC-4 com uma taxa de inoculação de 50 g/pot (Quadro 4.2, Fig. 2). Dos trinta isolados, 15 isolados foram considerados patogénicos e 15 isolados não patogénicos. Entre eles, o PDI mais elevado

(90 %) foi registado em Junagadh e Surendrangar-2, seguidos de perto pelos isolados Suredrangar-3 e Dhangadhra-2 (80 %). Pouco depois, as isolinhas de Dhangadhra-1, Surajgadh e Devla registaram 70% de IDP. A incidência mais baixa da doença (20 %) foi registada em Vadod-1 e Dhangadhra-3.

Os ensaios de rastreio/patogenicidade de ambas as estações mostraram que os isolados que não eram patogénicos na primeira estação também foram considerados não funcionais e não produziram doença. Do mesmo modo, a gravidade dos isolados patogénicos também se situa na mesma gama/classificação em ambas as estações. Estes resultados indicam que os isolados isolados das raízes infectadas podem ou não ser patogénicos. Assim, uma vez que o(s) isolado(s) recebido(s) em cultura pura, é necessário testar a sua patogenicidade, de modo a que a cultura patogénica seja utilizada para os restantes ensaios laboratoriais e de campo.

Tabela 4.1. Variação na incidência de murchidão entre diferentes isolados de _Fusarium oxysporum_ sob duas cargas de inóculo (2011-12)

Sr. Não.	Isolar	Localização (Distrito)	Inóculo g /pot^0	Total de plantas/vaso*	Planta/s* murchas	Por cento Incidência da doença*
1	Vadod-1	Vadod (Surendranagar)	30	10	2	20
			50	10	3	30
2	Vadod-2	Vadod (Surendranagar)	30	10	4	40
			50	10	6	60
3	Surendranagar-2	Surendranagar (Surendranagar)	30	10	6	60
			50	10	9	90
4	Surendranagar-1	Surendranagar (Surendranagar)	30	10	0	0
			50	10	0	0
5	Dhangadhra-1	Dhangadhra (Surendranagar)	30	10	2	20
			50	10	6	60
6	Dhangadhra-2	Dhangadhra (Surendranagar)	30	10	8	80
			50	10	10	100
7	Sedla-1	Sedla (Surendranagar)	30	10	0	0
			50	10	0	0
8	Devla	Devla (Rajkot)	30	10	7	70
			50	10	9	90
9	Limdi	Limdi (Surendranagar)	30	10	0	0
			50	10	0	0
10	Hadala	Hadala (Surendranagar)	30	10	0	0
			50	10	0	0
11	Surajgadh	Surajgadh (Surendranagar)	30	10	7	70
			50	10	8	80
12	Keshod-1	Keshod (Junagadh)	30	10	3	30
			50	10	5	50
13	Keshod-2	Keshod (Junagadh)	30	10	1	10
			50	10	5	50
14	Junagadh	Junagadh (Junagadh)	30	10	10	100
			50	10	10	100
15	Kotda sangani-1	Kotda sangani (Rajkot)	30	10	2	20
			50	10	5	50

*Média de duas réplicas (potes)

Tabela 4.2. Variação na incidência de murchidão entre diferentes isolados de _Fusarium oxysporum_ (2012-13)

Sr. Não.	Isolar	Distrito	Total de plantas*	Plantas doentes*	Por cento Incidência da doença
1	Vadod-1	Surendranagar	10	2	20
2	Vadod-2	Surendranagar	10	5	50
3	Vadod-3	Surendranagar	10	3	30
4	Surendranagar-1	Surendranagar	10	0	0
5	Surendranagar-2	Surendranagar	10	9	90
6	Surendranagar-3	Surendranagar	10	8	80
7	Surendamagar-4	Surendranagar	10	0	0
8	Dhangadhra-1	Surendranagar	10	7	70
9	Dhangadhra-2	Surendranagar	10	8	80
10	Dhangadhra-3	Surendranagar	10	2	20
11	Sedla-1	Surendranagar	10	0	0
12	Sedla-2	Surendranagar	10	0	0
13	Devgadh	Surendranagar	10	0	0
14	Hadad	Surendranagar	10	0	0
15	Limdi	Surendranagar	10	2	20
16	Hadala	Surendranagar	10	0	0
17	Surajgadh	Surendranagar	10	7	70
18	Chuda	Surendranagar	10	0	0
19	Kotada sangani-1	Rajkot	10	4	40
20	Kotada sangani-2	Rajkot	10	0	0
21	Devala	Rajkot	10	7	70
22	Ganod	Rajkot	10	0	0
23	Virpur	Rajkot	10	3	30
24	Upleta	Rajkot	10	0	0
25	Chhodavdi	Junagadh	10	0	0
26	Junagadh	Junagadh	10	9	90
27	Keshod-1	Junagadh	10	4	40
28	Mendarda	Junagadh	10	0	0
29	Keshod-2	Junagadh	10	6	60
30	Kadachh	Porbandar	10	0	0

*Média de duas repetições (vasos) com uma carga de inoculante de 50g/vaso

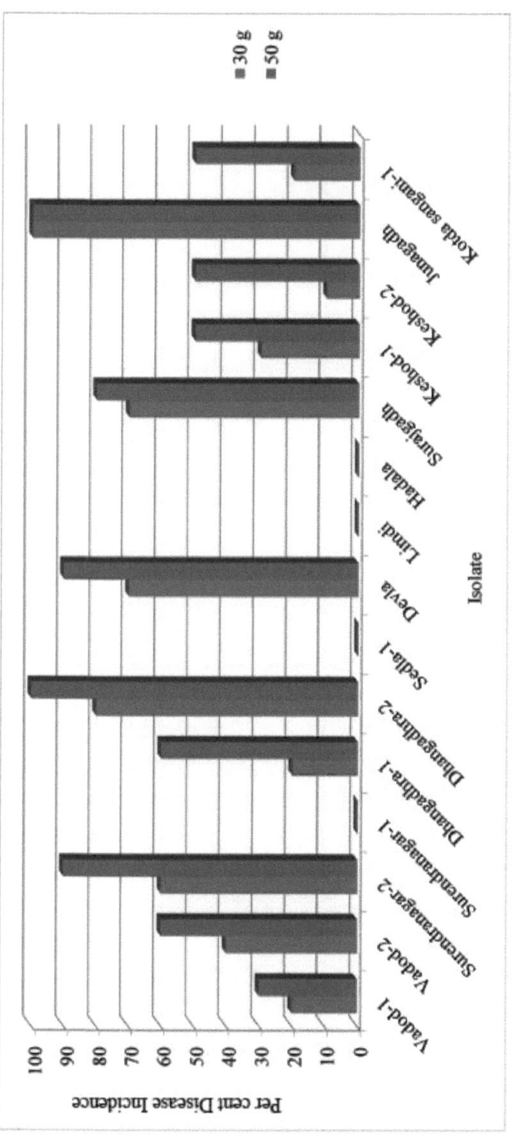

Fig. 1. Variação da incidência de murchidão entre 15 isolados (duas taxas de inoculação) de *Fusarium oxysporum* isolados de cominhos (2011-12)

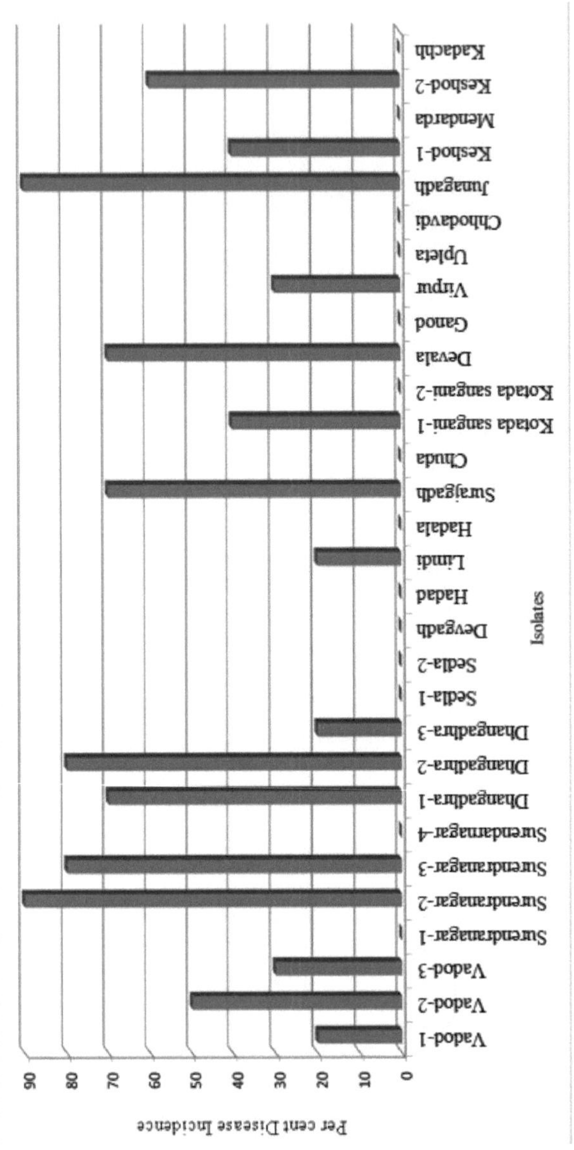

Fig. 2. Variação da incidência de murchidão entre diferentes isolados de *Fusarium oxysporum* isolados de cominhos (2012-13)

Estas conclusões coincidem com os resultados de Arafa (1985) e Larkin e Fravel (1988), uma vez que os seus isolados de amostras de murcha do cominho colhidas em diferentes campos mostraram tendências patogénicas e não patogénicas com variação entre as culturas patogénicas na IDP.

Os resultados actuais são também apoiados pelas observações de Baradia e Rai (2008). Estes autores registaram uma variabilidade patogénica entre isolados de cominhos. Em apoio a estes resultados, a observação de Sharma *et al.* (2009) sobre isolados da murchidão do grão-de-bico também variou em termos de patogenicidade. Recolheram quarenta e oito isolados de *Fusarium oxysporum* de diferentes regiões de cultivo de grão-de-bico na Índia e verificaram a natureza patogénica do fungo. Os autores referiram que 41 isolados eram patogénicos.

4.1.2 Sintomas da doença

Os sintomas observados nas plantas infectadas foram o tombamento das folhas superiores, seguido dos ramos inferiores e, finalmente, a secagem de toda a planta (placas 1 a 4). Os sintomas radiculares incluem a descoloração dos vasos da raiz axial quando cortados verticalmente e a redução do crescimento. As pontas das raízes axiais danificadas mostraram a proliferação de raízes secundárias acima da área da lesão da raiz axial. Quando as plantas murchas secam, torna-se difícil separá-las das plantas secas sob infeção por míldio. Não foram observados sintomas no cominho não inoculado cultivado nas mesmas condições.

4.1.3 Caraterísticas culturais dos diferentes isolados

Para conhecer a variação nos caracteres culturais, os isolados de *F. oxysporum* foram cultivados em PDA em placas de Petri e inoculados centralmente com um disco de cultura de 4 mm retirado da periferia de uma cultura com 7 dias de idade. As observações sobre os caracteres culturais, nomeadamente a cor das colónias, o crescimento, a pigmentação e a esporulação, foram registadas uma semana após a inoculação e apresentadas no Quadro 4.3 e nas Placas 5 e 6.

As caraterísticas culturais de 30 isolados de *F. oxysporum* revelaram que os isolados diferiam no tipo de colónia e hábito de crescimento, pigmentação e esporulação. A maioria dos isolados apresentou colónias de cor branca pálida a branco-algodão típico. Os isolados também diferiram na sua disposição micelial e hábito de crescimento.

Com base no padrão de crescimento do micélio, os isolados podem ser classificados em dois grupos, ou seja, crescimento esparso e crescimento denso. A maioria dos isolados tinha crescimento denso ou esparso com margem lisa, enquanto o crescimento denso com margem irregular estava presente em

Foto 2. Incidência severa de murchas em condições de campo.

Foto 3. Vista de campo da experiência 90 DAS.

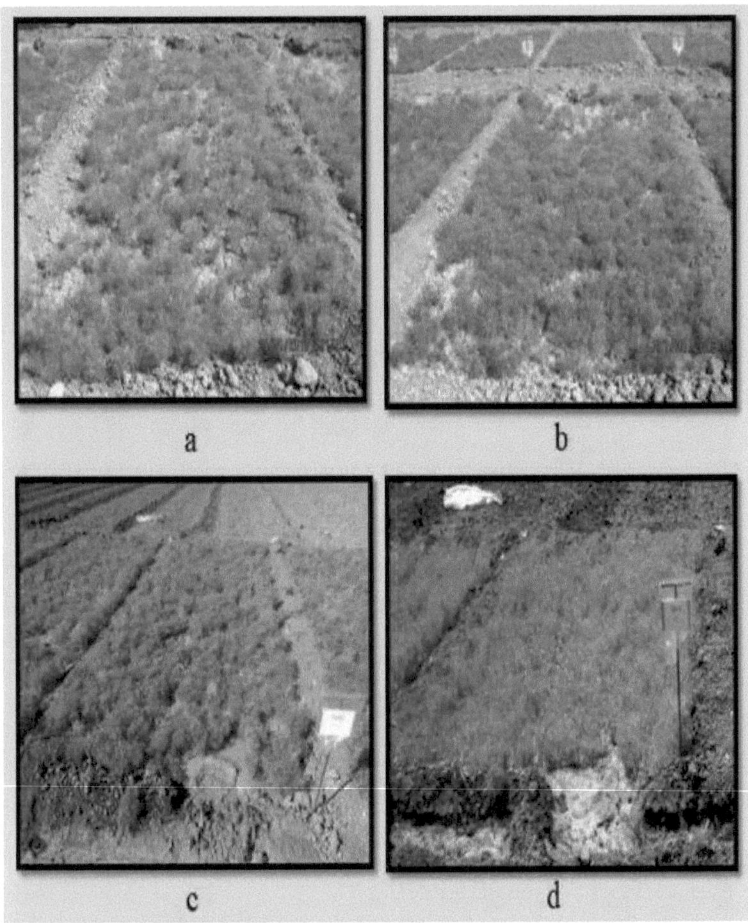

Foto 4. Crescimento progressivo da cultura numa mesma parcela de tratamento eficaz. a. 40 DAS b.
60 DAS c. 90 DAS d. Na colheita

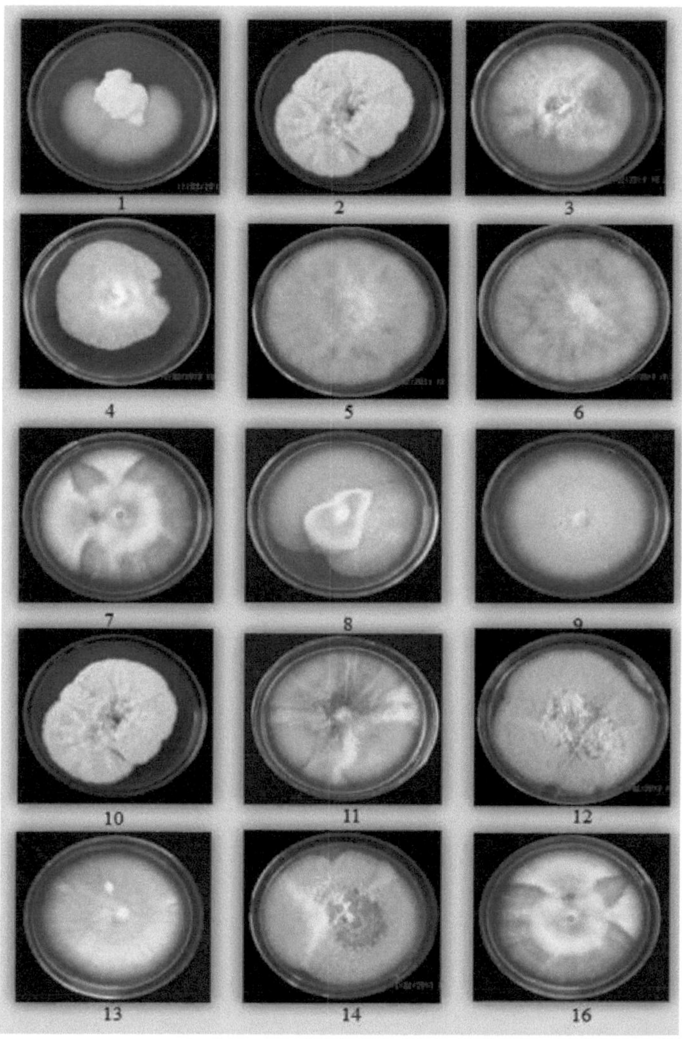

Foto 5 A. G row th, c h a r a c te r s o f *F u s a r iu m o x y s p o r u m* f. sp . *c u m in i* is lo la t e s o n P D A . (I s o la te s 1 -1 5).

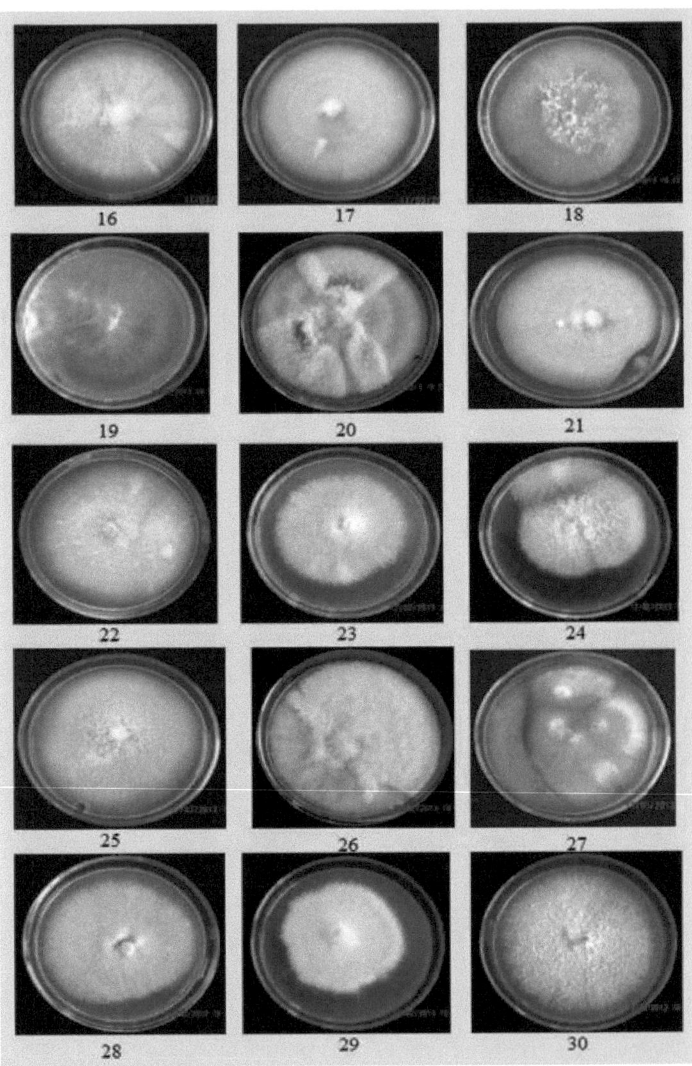

Foto 5 B. Crescimento, caracteres de *Fusarium oxysporum* f. sp. *cumini*

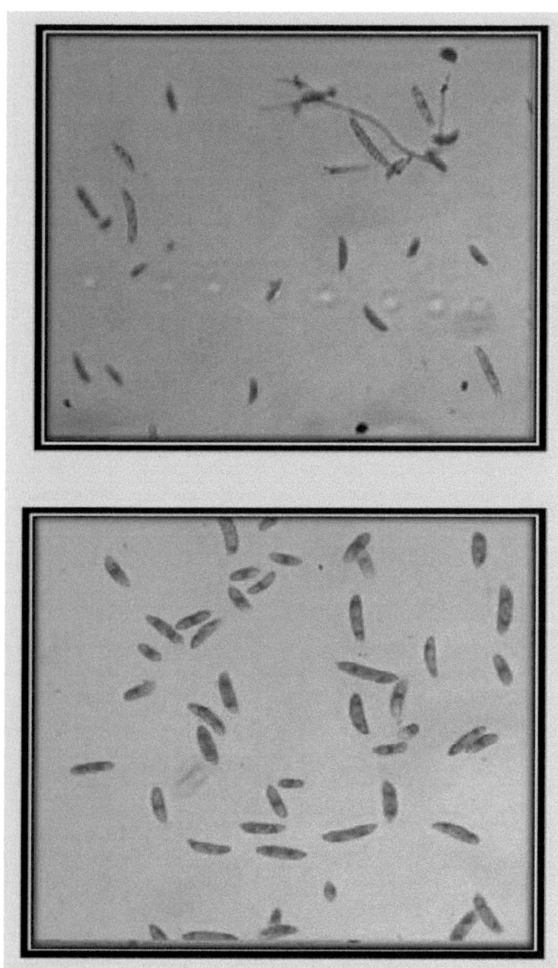

Foto 6 . M a c r o c o n id ia (A) e M ic r o c o n id ia (B) (4 5 x 1OX) de *F u s a r iu m o x y s p o r u m* f. sp . *c u m in i.*

Quadro 4.3. Caracteres de colónia de diferentes isolados de *Fusarium oxysporum* f. sp. *cumini*

Sr. Não.	Isolados	Arranjo micelial e cor	Pigmentação	Hábito de crescimento	Esporulação*
1	Vadod-1	Sprace Cottony branco	Amarelo pálido	Lento	++
2	Vadod-2	Dence Cottony branco	Amarelo pálido	Lento	+++
3	Vadod-3	Sprace Cottony branco	Amarelo pálido	Moderado	+++
4	Surendranagar-1	Dence Cottony branco	Amarelo pálido	Lento	++
5	Surendranagar-2	Dence Cottony branco	Amarelo pálido	Rápido	++++
6	Surendranagar-3	Dence Cottony branco	Amarelo pálido	Rápido	++++
7	Surendamagar-4	Dence Cottony branco	Castanho	Moderado	+
8	Dhangadhra-1	Sprace Dirty white	Amarelo pálido	Moderado	++++
9	Dhangadhra-2	Sprace Cottony branco	Amarelo pálido	Moderado	++++
10	Dhangadhra-3	Dence Cottony branco	Amarelo pálido	Lento	++
11	Sedla-1	Sprace Dirty white	Cor-de-rosa	Moderado	+
12	Sedla-2	Dence Cottony branco	Amarelo pálido	Moderado	++
13	Devgadh	Dence Cottony branco	Amarelo pálido	Moderado	+
14	Hadad	Dence Dirty white	Cor-de-rosa	Moderado	+
15	Limdi	Sprace Dirty white	Amarelo pálido	Rápido	++
16	Hadala	Sprace Cottony branco	Amarelo pálido	Rápido	+
17	Surajgadh	Sprace Dirty white	Castanho	Moderado	++++
18	Chuda	Sprace Dirty white	Amarelo pálido	Moderado	+
19	Kotada sangani-1	Sprace Dirty white	Amarelo pálido	Moderado	+++
20	Kotada sangani-2	Dence Dirty white	Amarelo pálido	Moderado	+
21	Devala	Sprace Cottony branco	Amarelo pálido	Moderado	++++
22	Ganod	Sprace Dirty white	Amarelo pálido	Moderado	++
23	Virpur	Sprace Dirty white	Amarelo pálido	Lento	+++
24	Upleta	Sprace Dirty white	Amarelo pálido	Lento	+
25	Chhodavdi	Dence Dirty white	Amarelo pálido	Moderado	+
26	Junagadh	Dence Cottony branco	Amarelo pálido	Rápido	++++
27	Keshod-1	Sprace Dirty white	Amarelo pálido	Moderado	+++
28	Mendarda	Sprace Dirty white	Amarelo pálido	Moderado	+
29	Keshod-2	Dence Cottony branco	Amarelo pálido	Moderado	+++
30	Kadachh	Sprace Cottony branco	Amarelo pálido	Moderado	+

* + Esporulação fraca, ++ Esporulação moderada, +++ Esporulação profusa, ++++ Esporulação abundante

Isolados de Vadod-2, Surendranagar-1, Dhangadhra-3 e Keshod-1. Observou-se um crescimento esparso em anéis concêntricos com margens irregulares nos isolados de Chuda, Virpur e Upleta.

A pigmentação amarela pálida típica foi observada na maioria dos isolados mesmo após um mês de incubação, enquanto dois isolados, Surendranagar-4 e Surajgadh, apresentaram pigmentação castanha. Os isolados de Sedla e Hadad apresentaram pigmentação cor-de-rosa.

Isolados *viz.,* Vadod-2, Vadod-3, Surendrangar-2, Surendrangar-3, Dhangadhra-1, Dhangadhra-2 Surajgadh, Kotada sangani-1, Devala, Virpur, Junagadh, Keshod-1 e

Os isolados de Keshod-2 apresentaram boa esporulação. Seis isolados com esporulação moderada foram Vadod-1, Surendranagar-1, Dhangadhra-3, Sedla-1, Limdi e Ganod. Foi observada uma fraca esporulação nos isolados Surendrangar-4, Sedla, Devagadh, Hadad, Hadala, Chuda, Kotdasangani-2, Upleta, Chhodavadi, Mendarada e Kadachh.

Estas observações revelam que a esporulação tem relevância para a virulência dos isolados. Os isolados que produziram uma esporulação abundante eram altamente virulentos, enquanto os isolados com esporulação fraca a moderada produziram uma percentagem de patogenicidade muito baixa ou não eram patogénicos.

Com base no hábito de crescimento, os isolados foram categorizados em 3 grupos: crescimento rápido, crescimento moderado e crescimento lento. Cinco isolados: Surendranagar-2, Surendranagar-3, Limdi, Hadala e Junagadh apresentaram um hábito de crescimento rápido, enquanto sete isolados: Vadod-1, Vadod-2, Surendranagar-1, Dhangadhra-3, Virpur, Upleta e Keshod-2 apresentaram um hábito de crescimento lento e os restantes 18 isolados têm um hábito de crescimento moderado.

Na presente investigação, as caraterísticas comuns aos isolados altamente virulentos foram o crescimento micelial espraiado a denso, a pigmentação amarela pálida, o hábito de crescimento moderado a rápido e a esporulação abundante.

As caraterísticas culturais dos isolados de *F. oxysporum* revelaram que os isolados diferiam na cor da colónia, no tipo de colónia, no hábito de crescimento, na pigmentação e na esporulação. Os relatórios anteriores de Patel *et al.* (1957) e Deshwal e Kumari (2012) referem que as caraterísticas das colónias dos isolados *de Fusarium oxysporum* f. sp. *cumini* eram lanosas a algodonosas com micélio aéreo creme a branco e pigmentação púrpura. Os relatórios sobre *Fusarium oxysporum* noutros hospedeiros, nomeadamente *F. oxysporum* f. sp. *pisi* do Noroeste dos Himalaias (Sharma *et al.* 2006), *F. oxysporum* isolado de pimentão (Cha *et al.* 2007) e *F. oxysporum* f. sp. *melongenae* (Baysal *et al.* 2010). Foi difícil delinear os isolados *de F. oxysporum* em grupos específicos utilizando caraterísticas culturais.

4.1.4 Morfologia dos conídios

O fungo *Fusarium oxysporum* produz dois tipos de conídios: microconídios (de tamanho pequeno) e macroconídios (de tamanho maior). A largura e o comprimento dos conídios de 30 isolados são apresentados no quadro 4.4 e representados na placa 7.

4.1.4.1 Microconídios

A observação microscópica revelou que os microconídios em todos os isolados eram pequenos, com uma a três células, hialinos com forma oval a reniforme e oval a oblonga com forma ligeiramente curvada. O seu comprimento variou de 3,64 a 19,32 gm, enquanto a largura variou de 2,24 a 9,85 gm. A medida dos microconídios variou consideravelmente. Os isolados Vadod-1 , Vadod-3, Surendranagar-1, Surendranagar-3, Dhangadhra-2, Dhangadhra-3, Sedla, Devagadh, Hadala, Kotada sangani-2, Ganod, Keshod-1 e Keshod-2 produziram microconídios de grandes dimensões.

4.1.4.2 Macroconídios

Os macroconídios em todos estes isolados eram longos, variáveis em tamanho e forma, de largura um pouco uniforme exceto na extremidade, curvados em direção à extremidade onde eram estreitos, rombos e suavemente arredondados ou pontiagudos na ponta, na sua maioria 2-5 septados e de cor hialina. O seu comprimento variava entre 12,13-36,84 gm, enquanto a largura variava entre 2,18-8,91 gm.

Os isolados Vadod-1, Vadod-3, Surendranagar-1, Surendranagar-3, Dhangadhra-2, Dhangadhra-3, Sedla, Devagadh, Hadala, Kotadasangani-2, Ganod, Keshod-1 e Keshod-2 produziram macroconídios de grande tamanho (21,98-36,84 x 3,12- 8,91 gm).

A comparação entre o tamanho e a septação em micro e macro conídios de espécies patogénicas e não patogénicas não deu uma imagem clara, pelo que se observa claramente no presente estudo que a medida dos conídios não tem relevância para a sua virulência. Este facto foi apoiado pelos seguintes resultados.

Desai *et al.* (2003) observaram que o tamanho dos micro e macro conídios de *F.oxysporum* f.sp.

ricini variava de 5,25 - 14,00 x 3,50 - 7,00 gm e 17,5 - 70,00 x 3,50 - 5,25 gm, respetivamente.

Os isolados exibiram um elevado nível de diversidade em termos de cultura e morfologia. A maioria dos isolados *de Fusarium oxysporum* que causam murchidão vascular em diferentes culturas não pode ser diferenciada de estirpes não patogénicas e saprófitas. Por conseguinte, existe uma enorme diversidade morfológica (Windels, 1992).

Os estudos morfológicos efectuados por Patil *et al.* (2005) também revelaram que os isolados de *Fusarium oxysporum* f. sp. *ciceri* apresentavam variações no número e tamanho dos macro e microconídios, caracteres culturais, padrão de crescimento, pigmentação e esporulação.

Tabela 4.4. Medição de conídios de fusariose de diferentes isolados

Sr. Não.	Isolados	Macroconídios*			Microconídios*		
		Comprimento (gm)	Largura (gm)	N.º de septos	Comprimento (gm)	Largura (gm)	N.º de septos
1	Vadod-1	21.98	3.12	3	11.88	3.92	2
2	Vadod-2	18.50	3.43	2	5.18	2.38	2
3	Vadod-3	30.10	4.55	5	8.59	3.33	2
4	Surendranagar-1	28.65	3.46	5	16.78	2.98	2
5	Surendranagar-2	17.31	4.46	5	9.11	2.40	1
6	Surendranagar-3	25.4	8.91	4	5.97	4.10	2
7	Surendarnagar-4	19.10	4.95	4	8.29	2.98	3
8	Dhangadhra-1	17.59	3.24	5	7.26	2.24	3
9	Dhangadhra-2	22.33	4.49	3	8.33	2.80	2
10	Dhangadhra-3	22.71	5.23	5	13.75	3.45	3
11	Sedla-1	24.10	5.25	3	8.70	4.10	2
12	Sedla-2	12.54	3.43	3	7.13	3.12	1
13	Devgadh	28.79	8.09	5	19.32	9.85	3
14	Hadad	12.13	3.58	5	17.86	4.43	3
15	Limdi	12.55	4.66	3	7.33	3.09	2
16	Hadala	33.64	3.75	3	3.65	2.39	1
17	Surajgadh	18.37	5.08	2	7.70	3.95	2
18	Chuda	18.71	3.95	5	10.55	4.07	2
19	Kotada sangani-1	16.05	2.88	5	10.04	4.77	1
20	Kotada sangani-2	29.77	3.50	3	6.79	2.85	2
21	Devala	13.82	2.95	3	8.65	3.93	1
22	Ganod	24.71	5.00	4	5.98	2.77	2
23	Virpur	12.26	2.81	4	3.64	2.38	2
24	Upleta	20.79	4.55	5	7.57	3.92	3
25	Chhodavdi	13.09	5.86	4	11.58	3.56	2
26	Junagadh	17.35	6.34	4	11.43	2.78	3
27	Keshod-1	22.20	4.24	5	9.79	3.39	2
28	Mendarda	18.34	3.95	2	8.33	2.77	1
29	Keshod-2	36.84	6.91	5	16.65	7.21	3
30	Kadachh	12.99	2.18	4	6.71	2.47	2

*Média de 10 esporos de 2 campos microscópicos

4.2 ANÁLISE DE REPETIÇÃO DE SEQUÊNCIA SIMPLES (SSR)

Os trinta isolados de *F. oxysporum* obtidos de cominhos foram submetidos a uma análise SSR utilizando 22 iniciadores diferentes. Dos 22 iniciadores SSR selecionados, apenas 6 iniciadores amplificaram um total de 8 bandas com uma média de 1,3 bandas por iniciador (placas 8 e 9). Das 8 bandas/alelos, 7 eram polimórficas e uma era monomórfica. A média de polimorfismo foi de 56% para os seis iniciadores SSR. Os fragmentos amplificados situavam-se na gama de 118510 pb. O valor PIC médio para seis iniciadores foi de 0,509 PIC por iniciador e 0,769 índice de iniciadores SSR (SPI) (Quadro 4.5).

O índice de similaridade e a análise de agrupamentos foram efectuados pelo coeficiente de Jaccard e UPGMA utilizando o software NTSYSpc-2.02i, respetivamente. Trinta isolados de *F. oxysporum* foram agrupados em dois grupos principais com uma semelhança média de 57% (quadro 4.6 e figura 3).

O coeficiente de semelhança de Jaccard de 30 isolados de *Fusarium oxysporum* de oito iniciadores SSR mostrou uma média de 56% de semelhança entre os isolados. O marcador SSR colocou todos os isolados em dois grupos principais, em que o primeiro grupo consiste em isolados patogénicos e não patogénicos e o segundo grupo consiste em isolados não patogénicos.

O primeiro grupo consistiu em vinte e dois isolados Limdi, Sedla-1, Dhangadhra-3, Hadala, Virpur, Devgadh, Chuda, Surendranagar-1, Ganod, Vadod-1, Surendranaga-2, Keshod-2, Surajgadh, Junagadh, Surendranagar-3, Dhangadhra-2, Vadod-2, Vadod-3, Keshod-1 e Kotadasangani-1 com 64 por cento de similaridade. O grupo II é constituído por 8 isolados: Kotadasangani-2, Chhodavadi, Sedla-2, Upleta, Surendrangar-4, Hadad, Mendarda e Kadachh, com 71% de semelhança.

Os isolados do distrito de Surendranagar apresentavam 55% de semelhança. O distrito de Rajkot apresentou 47% de semelhança. Os isolados do distrito de Junagadh apresentaram 61% de semelhança. Isto prevê a existência de diversas populações genéticas do agente patogénico no mesmo local e indica também que não houve correlação entre os agrupamentos filogenéticos e de localização geográfica entre os isolados. Os mesmos resultados foram obtidos por Mwang'ombe *et al.* (2008) durante o estudo de *Fusarium solani* f. sp. *phaseoli* que causa a murchidão do feijão comum no Quénia, utilizando ADN microssatélite.

Barve *et al.* (2001), ao trabalharem com *Fusarium oxysporum* f. sp. *ciceri*, previram que as raças 1 e 4 estavam estreitamente relacionadas, com um índice de semelhança de 76,6%, em comparação com a raça 2, com um valor de semelhança de 67,3%; a raça 3 era muito distinta, com um valor de semelhança de 26,7%.

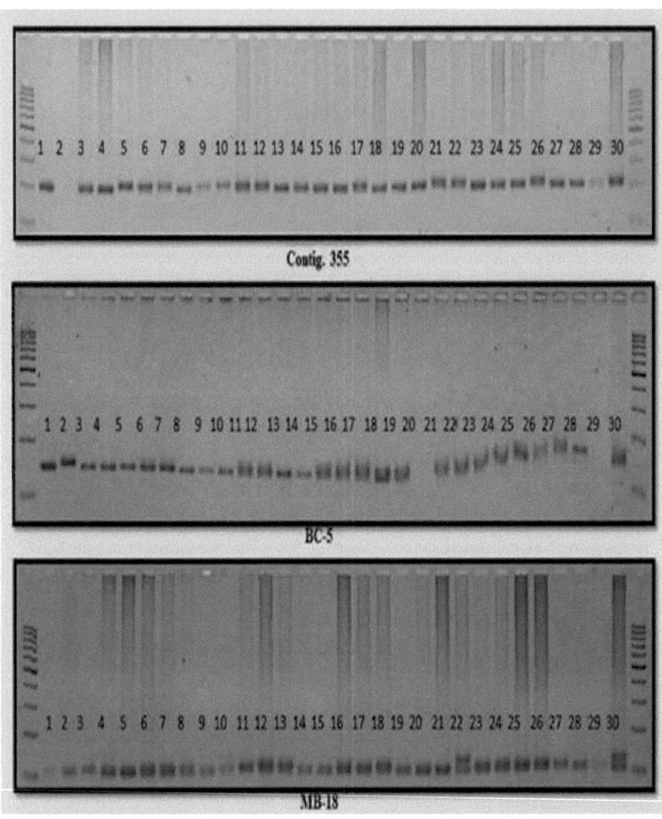

Foto 8. Perfil SSR gerado pelo primer Contig. 355, BC-5 e MB-18 em 30 isolados de F. *oxysporum* **f. sp. cumtnt (Marcador de DNA ladder 1 kb).**

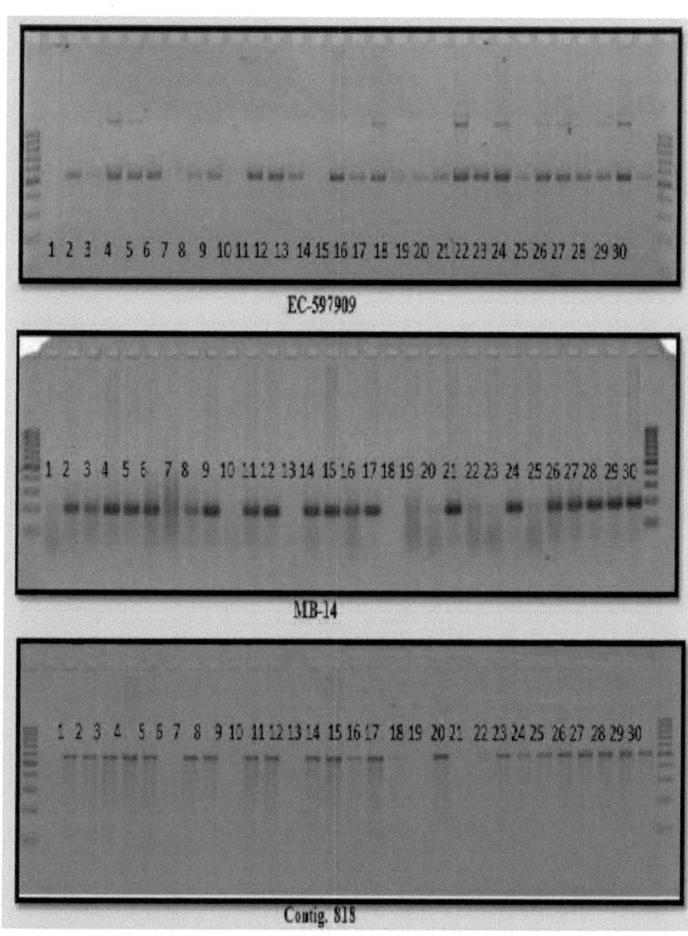

Foto 9. Perfil SSR gerado pelo primer EC597909, MB-14 e Contig. 818 em 30 isolados de F. *oxysporumf. sp. cumini* **(Marcador de DNA ladder 1 kb).**

Tabela 4.5. Tamanho, número de bandas amplificadas, percentagem de polimorfismo, PIC e SPI obtidos por primers SSR

Sr. Não.	SSR Primários	Alelo/Tamanho da banda (bp)	N.º total de alelos/bandas (A)	N.º de bandas polimórficas (B)	N.º de bandas monomórficas	por cento de polimorfismo (B/A)	Valor PIC	SPI (PICxA)
1	Contig. 335	205	1	1	-	1	0.190	0.190
2	BC-5	145-186	1	1	-	1	0.190	0.190
3	MB 18	118	2	1	1	0.5	0.776	1.55
4	EC597909	510	2	2	-	1	0.786	1.57
5	MB-14	210	1	1	-	1	0.556	0.556

6	Contig. 818	520	1	1	-	1	0.556	0.556
Total			8	7	1			
Média						91.66	0.509	0.769

PIC = Polymorphism Information Content (conteúdo de informação sobre polimorfismo); **SPI** = SSR Primer Index (índice de iniciadores **SSR**)

Tabela 4.6. Coeficiente de semelhança de Jaccard de 30 isolados *de Fusarium oxysporum* com base em dados SSR (percentagem)

	Kotada sangani-2	Kotada sangani-1	Surendaranagar-1	Vadod-2	Devala	Dhangadhara-1	Sedla-2	Devgadh	Dhangadhra-3	Choddavdi	Surendranagar-3	Junagadh	Hadad	Chuda	Kes hod-1	V adoad-1	Dhangadhra-2	Upleta	Surendarnagar-4	Limdi	Ganod	Mendarda	Hadala	Kadachh	Surendranagar-2	Surajgadh	Vadod-3	Keshod-2	Sedla-1	Virpur
Kotada sangani-2	100																													
Kotada sangani-1	20	100																												
Surendaranagar-1	50	60	100																											
Vadod-2	29	57	57	100																										
Devala	33	67	67	86	100																									
Dhangadhara-1	33	67	67	86	100	100																								
Sedla-2	67	17	40	43	50	50	100																							
Devgadh	40	50	80	71	83	83	60	100																						
Dhangadhra-3	0	75	40	43	50	50	0	33	100																					
Choddavdi	100	20	50	29	33	33	67	40	0	100																				
Surendranagar-3	33	67	67	86	100	100	50	83	50	33	100																			
Junagadh	33	67	67	86	100	100	50	83	50	33	100	100																		
Hadad	50	33	33	57	67	67	75	50	17	50	67	67	100																	
Chuda	50	60	100	57	67	67	40	80	40	50	67	67	33	100																
Kes hod-1	40	80	80	71	83	83	33	67	60	40	83	83	50	80	100															
V adoad-1	40	50	50	71	83	83	60	67	33	40	83	83	80	50	67	100														
Dhangadhra-2	29	57	57	100	86	86	43	71	43	29	86	86	57	57	71	71	100													
Upleta	67	17	40	43	50	50	100	60	0	67	50	50	75	40	33	60	43	100												
Surendarnagar-4	67	17	40	43	50	50	100	60	0	67	50	50	75	40	33	60	43	100	100											
Limdi	33	20	50	29	33	33	25	40	25	33	33	33	20	50	40	17	29	25	25	100										
Ganod	33	43	43	86	71	71	50	57	29	33	71	71	67	43	57	83	86	50	50	14	100									
Mendarda	50	33	33	57	67	67	75	50	17	50	67	67	100	33	50	80	57	75	75	20	67	100								
Hadala	29	38	38	75	63	63	43	50	25	29	63	63	57	38	50	50	75	43	43	29	63	57	100							
Kadachh	50	33	60	57	67	67	75	80	17	50	67	67	60	60	50	80	57	75	75	20	67	60	38	100						
Surendranagar-2	40	50	50	71	83	83	60	67	33	40	83	83	80	50	67	67	71	60	60	40	57	80	71	50	100					
Surajgadh	33	67	67	86	100	100	50	83	50	33	100	100	67	67	83	83	86	50	50	33	71	67	63	67	83	100				
Vadod-3	40	80	80	71	83	83	33	67	60	40	83	83	50	80	100	67	71	33	33	40	57	50	50	50	67	83	100			
Keshod-2	33	67	67	86	100	100	50	83	50	33	100	100	67	67	83	83	86	50	50	33	71	67	63	67	83	100	83	100		
Sedla-1	0	60	33	57	43	43	0	29	75	0	43	43	14	33	50	29	57	0	0	20	43	14	38	14	29	43	50	43	100	
Virpur	33	43	67	63	71	71	50	83	29	33	71	71	43	67	57	57	63	50	50	33	50	43	63	67	57	71	57	71	25	100

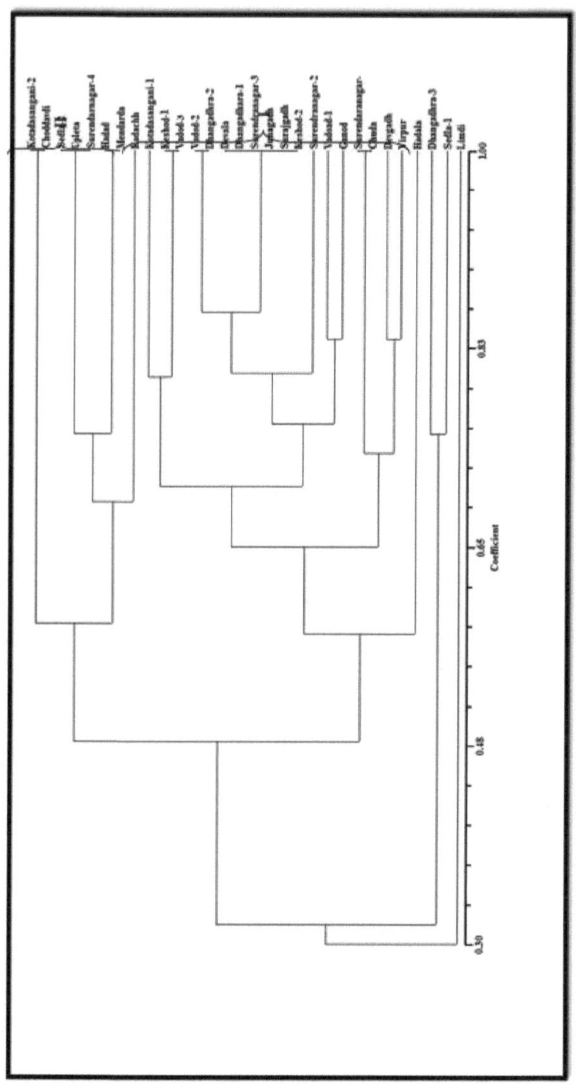

Fig. 3: Dendrograma representando a relação genética entre 30 isolados *de Fusarium oxysporum* com base nos dados SSR

Dubey e Singh (2008) registaram 55% de semelhança em *Fusarium oxysporum* f. sp. *ciceri* utilizando os iniciadores MB 05, MB 14 e MB 17. Datta *et al.* (2011) obtiveram 21 alelos com 2,33 alelos por iniciador utilizando nove iniciadores e o tamanho dos alelos amplificados variou entre 100 e 850 pb.

Abrangendo a maior área de cultivo de cominho de Saurashtra com trinta isolados, este é o primeiro estudo sobre a diversidade genética de *F. oxysporum* f. sp. *cumini* utilizando a análise de microssatélites.

4.3 Rastreio de genótipos

Um total de quinze genótipos de cominhos, incluindo três cultivares, foram adquiridos na Spice Research Station, Jagudan (Sardarkrishi nagar Dantiwada Aagricultuaral Uuniversirty). O teste de patogenicidade foi efectuado através do método de inoculação no solo (tal como descrito no teste de patogenicidade), utilizando o isolado de Junagadh. O teste de rastreio foi realizado durante o *rabi* de 2012-13. No entanto, durante o ano de 2013-14, o ensaio em vaso foi prejudicado devido à fraca germinação das sementes.

Quadro 4.7. Rastreio de diferentes variedades/entradas contra a murchidão dos cominhos (ensaio em vaso, 2012-13)

N.º Sr.	Variedade/Entrada	Total de plantas*	Plantas murchas	Percentagem de incidência da doença
1	GC-2	10	10	100
2	GC-3	10	10	100
3	GC-4	10	8	80
4	JC-2000-3	5	1	20
5	JC-2000-4	5	1	20
6	JC-2000-9	10	0	0
7	JC-2000-11	10	3	30
8	JC-2000-20	10	5	50
9	JC-2000-21	10	6	60
10	JC-2000-22	10	7	70
11	JC-2000-27	10	4	40
12	JC-2000-29	10	5	50
13	JC-2000-40	10	2	20
14	JC-2000-53	10	5	50
15	JC-2000-54	5	1	20

*Média de duas repetições (vasos)

Os resultados apresentados no quadro 4.7 e na fig. 4 revelaram que, das quinze variedades/linhas testadas, uma linha (JC-2000-9) foi considerada isenta de doença. As linhas *viz.,* JC-2000-3, JC-2000- 4, JC-2000-11, JC-2000-20, JC-2000-21, JC-2000-22, JC-2000-27, JC-2000-29, JC-2000-40, JC-2000-53 e JC-2000-54 foram consideradas moderada a altamente susceptíveis. As variedades recomendadas do Estado de Gujarat, nomeadamente GC-2, GC-3 e GC-4, foram consideradas altamente susceptíveis a *F. oxysporum* f. sp. *cumini* no âmbito da presente investigação.

Sadasivam e Kalyansundaram (1988) testaram 12 linhas/cultivares de cominho contra o agente patogénico da murchidão. Relataram que duas linhas, ou seja, UC-199 e UC-19, foram consideradas altamente resistentes, enquanto outras são altamente susceptíveis, incluindo a cultivar GC-1 de Gujarat. Mais tarde, Arora *et al.* (2004) também testaram 12 linhas de cominhos contra o agente patogénico da murchidão e registaram uma resistência máxima em UC-220 e UC-

231.

Deepak *et al.* (2008) analisaram 25 linhas de cominhos, mas nenhuma foi considerada totalmente resistente à murchidão. A resistência máxima à murchidão foi observada nas linhas UC-220, EC-220, EC-232684 e UC-63, moderadamente suscetível em JC-2000-21 e JC-2000-22 e razoavelmente resistente em JC-2000-27. As conclusões de Deepak e colaboradores coincidem com os resultados do presente estudo. As linhas JC-2000-21 e JC-2000-22 em ambas as experiências são consideradas moderadamente susceptíveis.

4.4 Eficácia da aplicação de fungicidas contra a murchidão dos cominhos e sua influência na população microbiana

Foram efectuados ensaios de campo durante o *rabi* de 2011-12, 2012-13 e 2013-14 na quinta do Departamento de Fitopatologia, JAU, Junagadh, para estudar a eficácia de 6 tratamentos de 2 fungicidas convencionais como irrigação, juntamente com um tratamento de cobertura de sementes contra a murcha do cominho. Todas as parcelas experimentais foram emendadas com o isolado de Junagadh de *Fusarium oxysporum* f. sp. *cumini* cultivado em grãos de sorgo 3 dias antes da sementeira. O cominho de Gujarat-4, a principal cultivar do estado, foi utilizado na experiência. Os dados relativos à incidência da doença, ao rendimento das sementes e à população microbiana foram compilados e apresentados nos quadros 4.8, 4.9, 4.10, 4.11, 4.12 e nas figuras 5 e 6, respetivamente.

4.4.1 População microbiana

A população de *Fusarium* spp., *Trichoderma* spp., *Pseudomonas* spp. e as contagens totais de fungos e bactérias foram registadas na fase inicial, 45 DAS (*rizosfera* e *rizoplano*) e na colheita, utilizando meios selectivos.

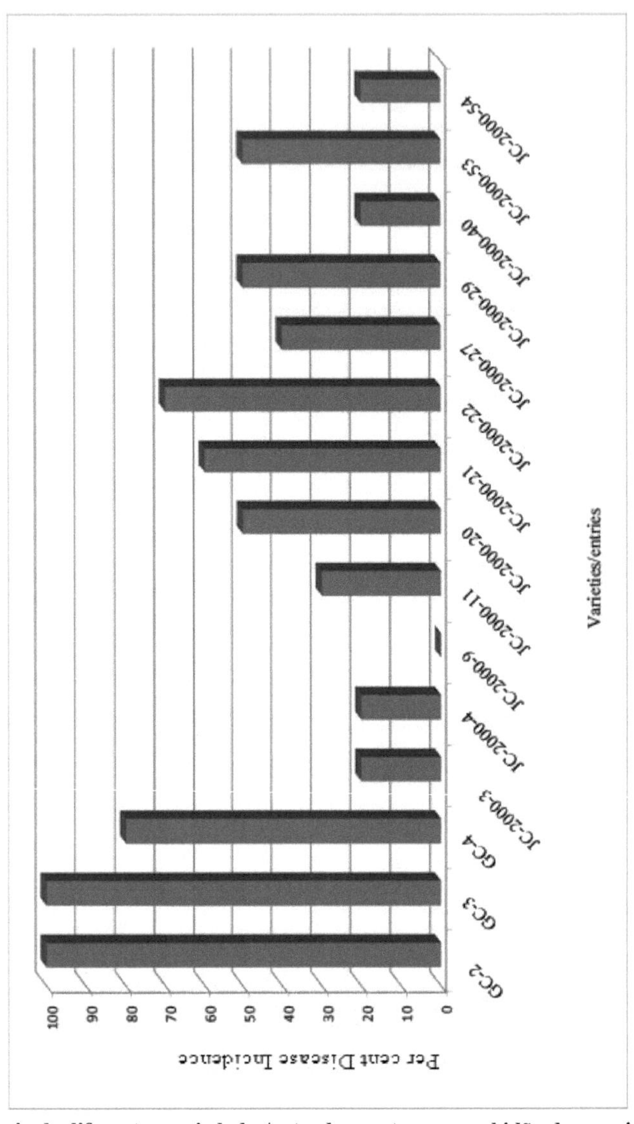

Fig. 4. Rastreio de diferentes variedades/entradas contra a murchidão dos cominhos (ensaio em vaso, 2012-13)

48

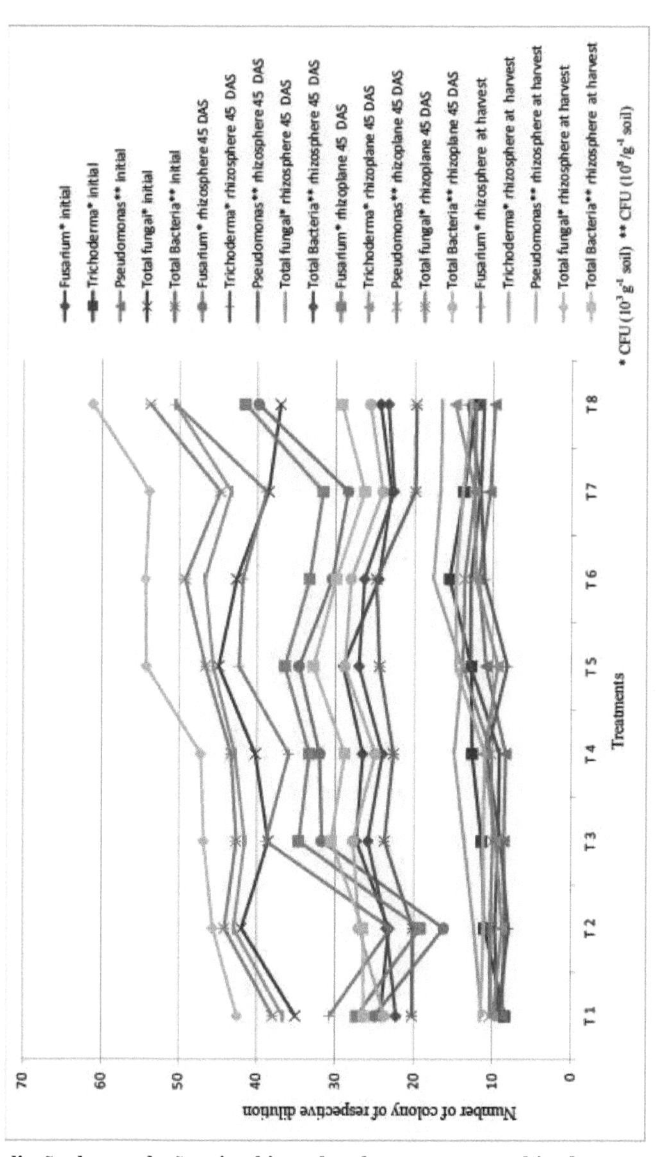

Fig. 5 a. Avaliação da população microbiana do solo num campo cultivado com cominho sob tratamentos de irrigação com fungicida (média de três anos)

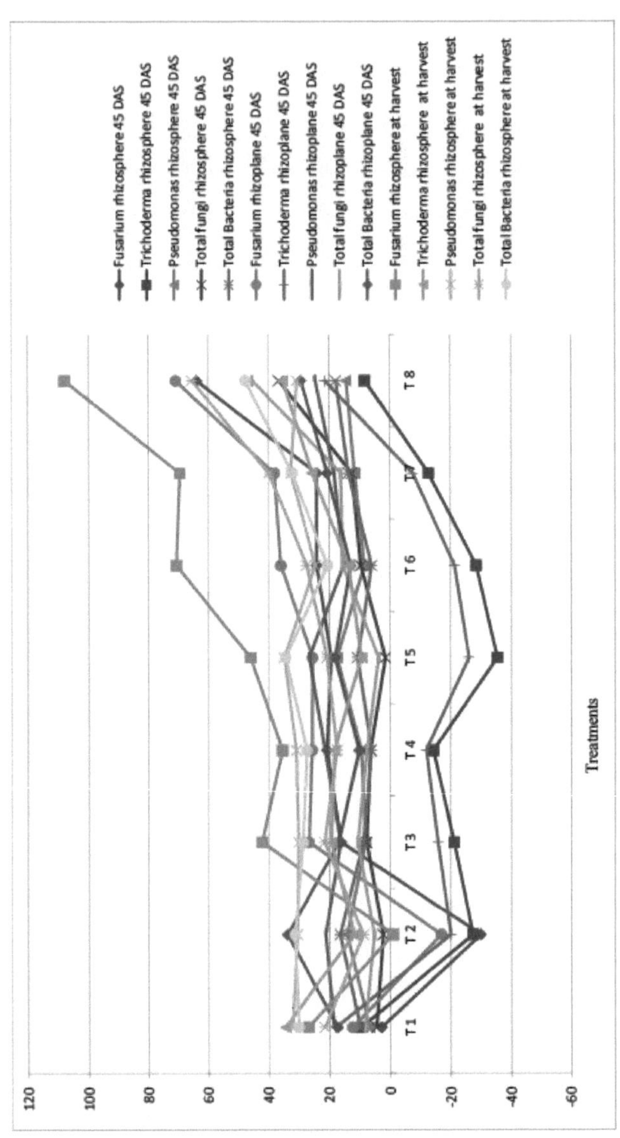

Fig. 5 b. Percentagem de aumento ou diminuição da população microbiana em comparação com a fase inicial em campos de cultivo de cominhos sob tratamentos de irrigação com fungicida (média de três anos)

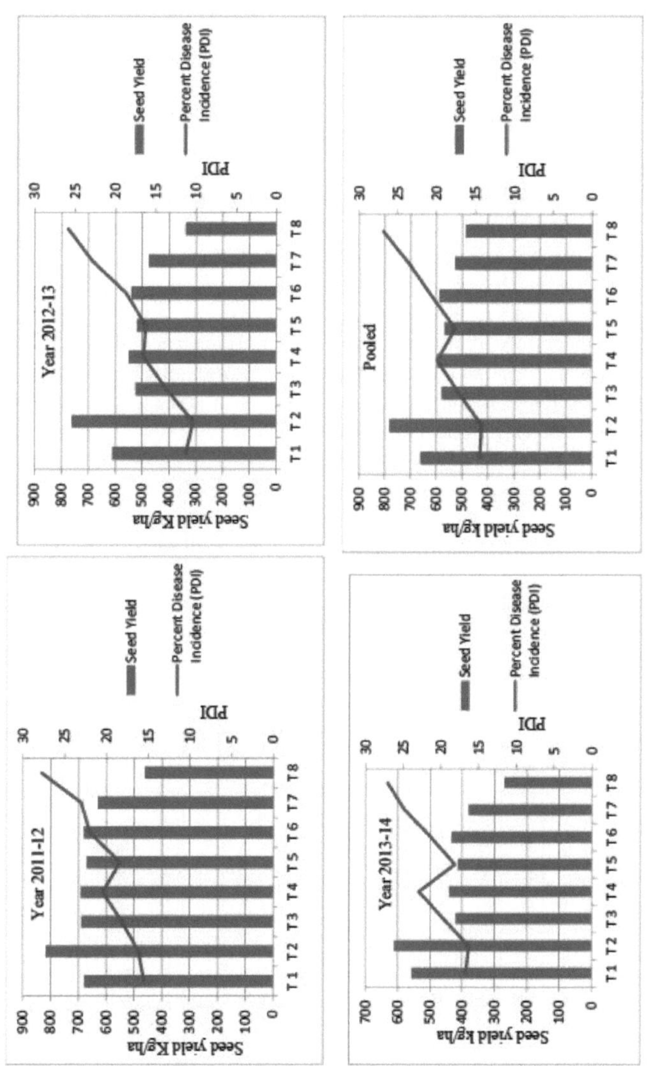

Fig.6. Incidência de murchidão e rendimento de sementes nos tratamentos com fungicida

4.4.1.1 *Fusarium*

Na primeira época do ano (2011-12), a população de Fusarium foi reduzida na rizosfera e no rizoplano, respetivamente. Aos 45 DAS e na colheita, foi registada uma redução de 29,56% e 8,87%, respetivamente, na rizosfera no tratamento de irrigação com carbendazim (Tabela 4.8 a e b). A população também foi reduzida no tratamento de cobertura de sementes com carbendazim + mancozeb aos 45 DAS (3,95%). Enquanto a população de fusariose aumentou em todos os tratamentos restantes, incluindo o controlo, na gama de 13,24% a 74,68% (rizosfera) e 21,95% a 81,55% (rizoplano). Embora o aumento máximo da população fusarial na rizosfera tenha sido registado no controlo (74,68% aos 45 DAS e 108,15% na colheita).

No segundo ano da estação (2012-13), a população de fusariose na rizosfera foi reduzida em ambos os tratamentos (26,58% e 8,68%) aos 45 DAS, enquanto na mesma fase a população do rizoplano foi reduzida (16,67%) apenas na aplicação de carbendazim. Nos outros tratamentos, a população fusarial aumentou em ambas as esferas e variou entre 3,89% e 47,15% (rizosfera) e 21,20% e 52,23% (rizoplano) aos 45 DAS. Na colheita, a população de fusariose aumentou em todos os tratamentos (Quadro 4.9 a e b).

Na estação do terceiro ano (2013-14), a redução da fusariose foi registada no tratamento de irrigação com carbendazim aos 45 DAS (32,58%) e na colheita (3,37%) na rizosfera. A tendência crescente foi registada nos outros tratamentos. (Quadro 4.10 a e b).

Olhando para a média das três épocas (Quadro 4.11 a e b), a população de fusariose foi reduzida até à colheita no tratamento de aspersão de carbendazim (0,1 %). Após 45 dias de sementeira, a redução média da população fusarial na rizosfera e no rizoplano foi de 29,87% e 16,88%, respetivamente. A redução na altura da colheita foi registada em 0,87 por cento. A população fusarial em todos os restantes tratamentos aumentou até à colheita em comparação com as contagens iniciais. O aumento da população da rizosfera variou entre 2,89 por cento (tratamento de sementes de carbendazim + mancozeb) e 63,79 por cento (controlo) após 45 dias de sementeira e entre 26,86 por cento e 107,82 por cento na colheita nos mesmos tratamentos, respetivamente. Também foi registada uma tendência quase semelhante na população de rizosplano após 45 dias de sementeira, mas um pouco mais elevada, ou seja, 12,40% e 70,78% no tratamento de sementes e no controlo, respetivamente.

Tabela 4.8.a. Avaliação da população microbiana do solo em campos de cultivo de cominho sob tratamentos de irrigação com fungicida (2011-12)

N.º Sr.	Inicial (Após inculcação)					45 DAS — Rizosfera					45 DAS — Rizoplano					Colheita (rizosfera)				
	Fusarium*	Trichoderma**	Pseudomonas**	Total de fungos*	Bactérias totais**	Fusarium*	Trichoderma**	Pseudomonas**	Total de fungos*	Bactérias totais**	Fusarium*	Trichoderma**	Pseudomonas**	Total de fungos*	Bactérias totais**	Fusarium*	Trichoderma**	Pseudomonas**	Total de fungos*	Bactérias totais**
1	25.3	10.5	8.2	38.3	20.2	24.3	8.7	8.7	39.3	22.2	26.5	9.5	9.3	40.2	24.3	28.3	12.0	10.3	42.3	26.7
2	20.3	10.2	8.7	44.5	18.7	14.3	7.7	10.2	45.3	24.3	16.3	8.3	11.2	48.7	26.4	18.5	11.5	11.3	49.5	27.3
3	26.5	14.7	10.0	38.3	23.5	30.5	11.3	11.3	39.3	26.5	33.3	12.3	12.3	40.5	28.0	38.3	16.7	12.7	45.5	30.2
4	24.2	16.7	9.7	40.3	25	28.7	15.3	10.0	40.5	27.3	30.5	15.5	11.7	41.8	28.3	31.3	19.8	12.1	42.5	30.5
5	28.7	12.2	13.5	47.2	25.3	32.5	7.5	15.7	48.7	30.7	35.0	8.3	16.7	49.3	32.5	41.8	13.5	16.8	53.5	33.5
6	22.7	18.5	15.3	48.7	29.8	26.5	13.0	16.3	51.0	30.0	30.7	14.2	16.5	53.0	32.3	42.0	21.3	17.0	56.7	38.2
7	20.5	16.5	12.3	38.7	23.5	26.0	14.3	14.2	42.0	24.5	28.5	14.5	15.0	44.8	25.7	37.0	20.5	16.2	54.4	28.2
8	23.3	14.5	10.5	32.2	18.5	40.7	15.3	11.7	48.7	20.3	42.3	15.7	13.3	49.3	22.7	48.5	18.6	13.7	55.7	27.7

* UFC(10 g$^{3-1}$ solo)
** UFC(10^8 /g$^{'1}$ solo)

Tabela 4.8.b. Percentagem de aumento ou diminuição da população microbiana em comparação com a fase inicial em campos de cultivo de cominhos sob tratamentos de irrigação com fungicida (2011-12)

| Sr. Não. | 45 DAS* | | | | | | | | | | Colheita* (rizosfera) | | | | |
| | Rizosfera | | | | | Rizoplano | | | | | | | | | |
	Fusarium	Trichoderma	Pseudomonas	Total de fungos	Bactérias totais	Fusarium	Trichoderma	Pseudomonas	Total de fungos	Bactérias totais	Fusarium	Trichoderma	Pseudomonas	Total de fungos	Bactérias totais
1	-3.95	-17.14	6.10	2.61	9.90	4.74	-9.52	13.41	4.96	20.30	11.86	14.29	25.61	10.44	32.18
2	-29.56	-24.51	17.24	1.80	29.95	-19.70	-18.63	28.74	9.44	41.18	-8.87	12.75	29.89	11.24	45.99
3	15.09	-23.13	13.00	2.61	12.77	25.66	-16.33	23.00	5.74	19.15	44.53	13.61	27.00	18.80	28.51
4	18.60	-8.38	3.09	0.50	9.20	26.03	-7.19	20.62	3.72	13.20	29.34	18.56	24.74	5.46	22.00
5	13.24	-38.52	16.30	3.18	21.34	21.95	-31.97	23.70	4.45	28.46	45.64	10.66	24.44	13.35	32.41
6	16.74	-29.73	6.54	4.72	0.67	35.24	-23.24	7.84	8.83	8.39	85.02	15.14	11.11	16.43	28.19
7	26.83	-13.33	15.45	8.53	4.26	39.02	-12.12	21.95	15.76	9.36	80.49	24.24	31.71	40.57	20.00
8	74.68	5.52	11.43	51.24	9.73	81.55	8.28	26.67	53.11	22.70	108.15	28.28	30.48	72.98	49.73

valores em percentagem

Muitos agricultores da região de Saurashtra aplicam no solo a pulverização de carbendazim ou oxicloreto de cobre para a gestão da murchidão dos cominhos após o seu início (feedback pessoal do Dr. K. B. Jadeja), embora não exista tal recomendação. Tendo em conta esta prática, a experiência foi realizada para testar o carbendazime e o oxicloreto de cobre em três concentrações respectivas, mantendo uma concentração mais elevada e outra mais baixa, geralmente recomendadas para a sua aplicação.

Entre os dois fungicidas, nenhuma das concentrações de oxicloreto de cobre reduziu satisfatoriamente a população de fusariose no solo. Enquanto a concentração mais elevada de carbendazim (0,1 %), equivalente a 20 g/ 10 litros de água do produto comercializado, reduziu eficazmente a população de fusariose, embora as concentrações mais baixas não tenham sido eficazes. Embora a população de fusariose tenha sido inferior em todos os tratamentos em comparação com o controlo. Estes resultados indicam que a aplicação única de carbendazim 50 % wp (0,1 %) após 30 DAS controlou a população de fusariose no solo até à colheita da cultura.

4.4.1.2 *Trichoderma*

Na estação do primeiro ano (Tabela 4.8 a e b), a população natural de Trichoderma na rizosfera e no rizoplano após 45 dias de sementeira foi reduzida em todos os tratamentos, exceto no controlo, variando entre 8,38% e 38,52% (rizosfera) e 7,19% e 31,97% (rizoplano). No controlo, a população aumentou na rizosfera (5,52%) e no rizoplano (8,28%). Enquanto na colheita a população de Trichoderma aumentou em todos os tratamentos, incluindo o controlo, e variou entre 10,66% e 28,28%.

Na estação do segundo ano (Tabela 4.9 a e b), com exceção do tratamento de sementes e do controlo, a população de Trichoderma foi reduzida em todos os tratamentos após 45 dias de sementeira, num intervalo de 11,76% a 29,20% na rizosfera e de 3,53% a 27,43% no rizoplano. No caso do tratamento de sementes, a população aumentou na rizosfera (24,10%) e no rizoplano (34,94%) e no controlo o aumento da população foi de 12,60% e 28,35%, respetivamente. Durante a colheita, a sua população aumentou em todos os tratamentos (8,85% a 31,50%). Foi registada uma população comparativamente mais baixa nos tratamentos com carbendazim (0,1 %) e oxicloreto de cobre (0,2 % e 0,3 %) do que no tratamento de sementes e no controlo.

Na estação do terceiro ano (Quadro 4.10 a e b), a população de Trichoderma na rizosfera e no rizoplano foi reduzida em todos os tratamentos, exceto no tratamento de sementes e no controlo após 45 dias

Tabela 4.9.a. Avaliação da população microbiana do solo em campos de cultivo de cominho sob tratamentos de irrigação com fungicida (2012-13)

N.º Sr.	Inicial (Após inculcação					45 DAS — Rizosfera					45 DAS — Rizoplano					Colheita (rizosfera)				
	Fusarium*	Trichoderma*	Pseudomonas**	Total de fungos*	Bactérias totais**	Fusarium*	Trichoderma*	Pseudomonas**	Total de fungos*	Bactérias totais**	Fusarium*	Trichoderma*	Pseudomonas**	Total de fungos*	Bactérias totais**	Fusarium*	Trichoderma*	Pseudomonas**	Total de fungos*	Bactérias totais**
1	26.5	8.3	7.5	36.3	22.0	24.2	10.3	8.0	38.2	24.3	26.5	11.2	9.0	39.3	24.5	32.5	11.3	10.3	42.5	30.0
2	22.2	12.5	8.5	42.8	21.3	16.3	10.3	9.3	43.5	24.5	18.5	10.5	9.7	43.3	29.7	24.3	14.3	11.2	46.8	25.5
3	28.3	10.0	9.7	40.7	26.5	32.3	8.7	10.0	42.7	28.3	34.3	9.2	10.5	44.7	30.7	39.3	12.3	12.1	45.7	32.7
4	29.8	8.5	7.0	42.3	24.3	36.7	7.5	8.3	43.7	25.5	38.0	8.2	8.5	42.7	26.2	40.5	10.5	9.7	52.7	32.7
5	30.2	11.3	10.3	43.7	27.7	34.5	8.0	12.3	44.0	29.7	36.7	8.2	13.3	44.7	32.5	44.5	12.3	14.7	56.5	38.7
6	24.5	16.5	12.7	40.52	25.7	30.5	12.0	13.7	40.7	26.3	33.0	12.7	15.5	45.0	28.3	40.5	18.0	16.5	49.5	27.3
7	25.7	14.7	10.5	41.0	18.0	26.7	12.7	11.0	45.5	21.7	31.7	13.3	12.3	46.7	23.7	35	17.5	13.3	48.2	24.3
8	26.3	12.7	8.3	46.3	16.3	38.7	14.3	10.5	50.0	21.3	40.3	16.3	10.7	54.5	23.5	50.7	16.7	11.3	65.3	26.0

* UFC($10\ g^{3-1}$ solo)

** UFC(10^8 /g^{l1} solo)

Tabela 4.9.b Aumento ou diminuição percentual da população microbiana em comparação com a fase inicial em campos de cultivo de cominho sob tratamentos de irrigação com fungicida (2012-13)

Sr.	45 DAS*		Colheita* (rizosfera)
	Rizosfera	Rhizoplane	

Não.	Fusarium	Trichoderma	Pseudomonas	Total de fungos	Bactérias totais	Fusarium	Trichoderma	Pseudomonas	Total de fungos	Bactérias totais	Fusarium	Trichoderma	Pseudomonas	Total de fungos	Bactérias totais
1	-8.68	24.10	6.67	5.23	10.45	0.00	34.94	20.00	8.26	11.36	22.64	36.14	37.33	17.08	36.36
2	-26.58	-17.60	9.41	1.64	15.02	-16.67	-16.00	14.12	1.17	39.44	9.46	14.40	31.76	9.35	19.72
3	14.13	-13.00	3.09	4.91	6.79	21.20	-8.00	8.25	9.83	15.85	38.87	23.00	24.74	12.29	23.40
4	23.15	-11.76	18.57	3.31	4.94	27.52	-3.53	21.43	0.95	7.82	35.91	23.53	38.57	24.59	34.57
5	14.24	-29.20	19.42	0.69	7.22	21.52	-27.43	29.13	2.29	17.33	47.35	8.85	42.72	29.29	39.71
6	24.49	-27.27	7.87	0.44	2.33	34.69	-23.03	22.05	11.06	10.12	65.31	9.09	29.92	22.16	6.23
7	3.89	-13.61	4.76	10.98	20.56	23.35	-9.52	17.14	13.90	31.67	36.19	19.05	26.67	17.56	35.00
8	47.15	12.60	26.51	7.99	30.67	53.23	28.35	28.92	17.71	44.17	92.78	31.50	36.14	41.04	59.51

valor em percentagem

da semeadura. Enquanto na colheita a sua população aumentou em todos os tratamentos e variou entre 6,80 por cento (Carbaendazim 0,1 %) e 61,54 por cento (Tratamento de sementes).

Ao avaliar a média das três estações (Tabela 4.11 a e b), registou-se um aumento na população de Trichoderma após 45 dias de sementeira no tratamento de sementes (9,52 % na rizosfera e 17,86 % no rizoplano) e no controlo (8,20 % na rizosfera e 21,31 % no rizoplano). Todos os tratamentos fungicidas reduziram a população de Trichoderma após 15 dias da sua aplicação. Durante a colheita, o Trichoderma teve o seu défice e a população aumentou em todos os tratamentos, entre 9,45% e 35,25%.

4.4.1.3 *Pseudomonas*

Na estação do primeiro ano (Tabela 4.8 a e b), a população de Pseudomonas aumentou em todos os tratamentos em ambas as épocas de observação. Na rizosfera e no rizoplano, após 45 dias de sementeira, a população aumentou entre 3,09 por cento e 17,24 por cento e entre 7,84 por cento e 28,74 por cento e, na colheita, o aumento da população foi de 11,11 por cento a 31,71 por cento na rizosfera.

Na estação do segundo ano (Tabela 4.9 a e b), a população de Pseudomonas aumentou na rizosfera (3,09% a 26,51%), bem como no rizoplano (8,25% a 29,13%) após 45 dias de semeadura. Na colheita, a população também aumentou na faixa de 24,74% a 42,72% na rizosfera.

A mesma tendência também foi observada no terceiro ano (Quadro 4.10 a e b) e a população de Pseudomonas aumentou em ambos os períodos de observação. O intervalo de aumento da população na primeira observação foi de 5,61% a 16,87% (rizosfera), 14,12% a 27,78% (rizoplano) e 26,17% a 45,00% na segunda observação.

A média das três estações (Tabela 4.11 a e b) revelou que a população de Pseudomonas em todos os tratamentos aumentou em ambos os momentos de observação. Observou-se que o aumento da população foi maior no rizoplano do que na rizosfera após 45 dias de sementeira e a população aumentou à medida que a fase de crescimento da cultura aumentou. A população mais elevada foi registada na colheita. A diferença de população entre os tratamentos foi registada na primeira observação, mas não foi mostrada na colheita.

Tabela 4.10.a. Avaliação da população microbiana do solo em campo cultivado com cominho sob tratamentos de irrigação com fungicida (2013-14)

N.º Sr.	Inicial (Após inculcação)					45 DAS Rizosfera					45 DAS Rizoplano					Colheita (rizosfera)				
	Fusarium*	Trichoderma*	Pseudomonas**	Total de fungos*	Bactérias totais**	Fusarium*	Trichoderma*	Pseudomonas**	Total de fungos*	Bactérias totais**	Fusarium*	Trichoderma*	Pseudomonas**	Total de fungos*	Bactérias totais**	Fusarium*	Trichoderma*	Pseudomonas**	Total de fungos*	Bactérias totais**
1	20.7	6.5	10.5	30.3	18.3	26.2	8.5	11.3	32.2	20.0	28.5	9.0	12.5	34.3	22.3	31.2	10.5	14.0	42.8	22.3
2	26.7	10.3	8.3	38.5	20.3	18.0	6.0	9.7	39.8	21.5	22.8	7.5	10.0	40.3	24.5	25.8	11.0	10.7	40.5	26.5
3	27.0	9.5	6.0	36.5	21.0	32.2	7.0	6.7	42.5	22.7	36.2	7.2	7.3	42.7	24.3	38.7	11.7	8.7	49.2	28.5
4	25.5	12.7	8.5	38.0	18.5	30.5	9.5	9.3	44.3	19.3	31.3	9.7	10.5	45.5	20.2	36	14.3	11.3	46.3	23.3
5	28.0	14.5	9.0	43.7	20.3	36.7	9.0	10.3	44.2	20.7	37.5	11.7	11.5	45.7	21.5	40.5	16.0	12.7	52.7	26.2
6	26.3	11.5	7.3	38.7	19.0	34.3	8.3	8.5	48.3	22.7	36.3	9.7	8.7	49.5	23.5	42.8	13.5	10.5	56.7	24.3
7	22.5	10.0	8.5	35.7	18.3	32.5	7.7	9.5	42.5	21.5	34.5	9.2	9.7	42.7	22.7	44.3	12.0	12.0	58.8	26.5
8	23.3	9.5	10.7	32.5	24.5	40	10.0	11.3	52.7	28.2	41.8	12.5	12.5	57.2	30.5	52.3	14.3	13.5	62.5	33.8

* UFC(10 g$^{3-1}$ solo)
** UFC(10^8 /g^{l} solo)

Tabela 4.10.b. Percentagem de aumento ou diminuição da população microbiana em comparação com a fase inicial em campos de cultivo de cominhos sob tratamentos de irrigação com fungicida (2013-14)

Sr. Não.	45 DAS* Rizosfera					45 DAS* Rhizoplane					Colheita* (rizosfera)				
	Fusarium	Trichoderma	Pseudomonas	Total de fungos	Bactérias totais	Fusarium*	Trichoderma	Pseudomonas	Total de fungos	Bactérias totais	Fusarium	Trichoderma	Pseudomonas	Total de fungos	Bactérias totais
1	26.57	30.77	7.62	6.27	9.29	37.68	38.46	19.05	13.20	21.86	50.72	61.54	33.33	41.25	21.86
2	-32.58	-41.75	16.87	3.38	5.91	-14.61	-27.18	20.48	4.68	20.69	-3.37	6.80	28.92	5.19	30.54

3	19.26	-26.32	11.67	16.44	8.10	34.07	-24.21	21.67	16.99	15.71	43.33	23.16	45.00	34.79	35.71
4	19.61	-25.20	9.41	16.58	4.32	22.75	-23.62	23.53	19.74	9.19	41.18	12.60	32.94	21.84	25.95
5	31.07	-37.93	14.44	1.14	1.97	33.93	-19.31	27.78	4.58	5.91	44.64	10.34	41.11	20.59	29.06
6	30.42	-27.83	16.44	24.81	19.47	38.02	-15.65	19.18	27.91	23.68	62.74	17.39	43.84	46.51	27.89
7	44.44	-23.00	11.76	19.05	17.49	53.33	-8.00	14.12	19.61	24.04	96.89	20.00	41.18	64.71	44.81
8	71.67	5.26	5.61	62.15	15.10	79.40	31.58	16.82	76.00	24.49	124.46	50.53	26.17	92.31	37.96

valores em percentagem

4.4.1.4 Fungos totais

Na estação do primeiro ano (Tabela 4.8 a e b), a população total de fungos aumentou em todos os tratamentos em ambas as épocas de observação. Na rizosfera e no rizoplano, após 45 dias de sementeira, a população aumentou entre 0,50% e 51,24% e entre 4,45% e 53,11% e, na colheita, a população da rizosfera foi de 5,46% a 72,98%.

Na estação do segundo ano (Tabela 4.9 a e b), a população total de fungos também aumentou na rizosfera, bem como no rizoplano após 45 dias de semeadura e também na colheita. Na rizosfera e no rizoplano, após 45 dias de sementeira, a população aumentou num intervalo de 0,44% a 10,98% e 0,95% a 17,71% e, na colheita, a população da rizosfera foi de 9,35% a 41,04%.

Da mesma forma, na estação do terceiro ano (Tabela 4.10 a e b), a população total de fungos também aumentou na rizosfera (1,14% a 62,15%), bem como no rizoplano (4,58% a 76,00%) após 45 dias de semeadura. Na colheita, a população da rizosfera também aumentou na faixa de 5,19% a 92,31%.

Olhando para a média geral dos três anos, a população total de fungos aumentou em todos os tratamentos e, comparativamente, observou-se uma população mais elevada na colheita. A maior população de fungos foi observada no tratamento de controlo em todos os três anos. A população total de fungos aumentou com o avanço da fase de crescimento da cultura. A população foi maior no rizoplano em comparação com a rizosfera. Em geral, a população de fungos foi muito baixa em todos os tratamentos fungicidas em comparação com o controlo em ambos os períodos. Isto mostra o efeito fungicida no solo sobre a população de fungos.

4.4.1.5 Bactérias totais

Na estação do primeiro ano (Tabela 4.8 a e b), a população total de bactérias aumentou em todos os tratamentos em ambas as épocas de observação. Na rizosfera e no rizoplano, após 45 dias de sementeira, a população aumentou entre 0,67% e 29,95% e entre 8,39% e 41,18% e, na colheita, a população da rizosfera foi de 20,00% a 49,73%.

No segundo ano (Tabela 4.9 a e b), a população total de bactérias aumentou na rizosfera (2,33% a 30,67%), bem como no rizoplano (7,82% a 44,17%) após 45 dias de semeadura. Na colheita, a população da rizosfera também aumentou na faixa de 6,23% a 59,51%.

Na estação do terceiro ano (Quadro 4.10 a e b), a população total de bactérias também aumentou em ambos os momentos de observação, aos 45 DAS e na colheita. A taxa de aumento da população foi de 1,97% a 19,47% (rizosfera), 5,91% a 24,49% (rizoplano) e 21,86% a 44,81% (colheita).

A média das três estações (Tabela 4.11 a e b) revelou que a população total de bactérias em todos os tratamentos aumentou em ambos os momentos de observação. Foi observado que o aumento da população foi maior no rizoplano do que no rizoplano aos 45 dias de sementeira e a população aumentou à medida que a fase de crescimento da cultura avançava. A população mais elevada foi registada na colheita. O aumento da população bacteriana foi superior ao da população fúngica, em comparação com o controlo. A população foi quase sempre acoplada em todos os tratamentos na fase de colheita.

4.4.2 Incidência de doenças e rendimento

O resultado apresentado na Tabela 4.12 mostra que no primeiro ano (2011-12) a menor incidência de doenças foi registada em T-1, ou seja, tratamento de sementes (15,46%) e foi estatisticamente igual a T-2 (16,15%), T-3 (18,14%), T-4 (20,45%) e T-5 (18,36%). A maior incidência de doenças foi registada no controlo (27,75 %). Em todos os tratamentos, a produção de sementes foi maior em comparação com o controlo. O maior rendimento de sementes de 816 kg/ha foi obtido no tratamento T-2 (carbendazim 0,1 %) e foi estatisticamente igual ao T-1 (679 kg/ha), T-3 (689 kg/ha), T-4 (692 kg/ha), T-5 (671 kg/ha) e T-6 (681 kg/ha). A produção de sementes no tratamento de controlo foi de apenas 462 kg/ha.

Na segunda época (2012-13), a incidência mais baixa da doença foi registada em T-2 (10,33 %) e foi estatisticamente igual a T-1 (11,21 %) e T-3 (13,62 %). Enquanto a maior incidência de doenças foi registada no controlo (25,88 %). O maior rendimento de sementes de 762 kg/ha foi obtido no tratamento T-2 (carbendazim 0,1 %) e foi igual ao tratamento de sementes (612 kg/ha). O rendimento de sementes no tratamento de controlo foi de apenas 338 kg/ha.

Na terceira época de 2013-14, a incidência mais baixa da doença foi registada no tratamento de carbendazim 0,1 por cento (16,24 %), que foi estatisticamente igual ao tratamento de sementes (16,62 %), T-3 (19,66 %) e T-5 (18,10 %).

Quadro 4.11.a. Avaliação da população microbiana do solo em campos de cultivo de cominho sob tratamentos de irrigação com fungicida (média de três anos)

N.º Sr.	Inicial (Após inculação)					45 DAS — Rizosfera					45 DAS — Rizoplano					Colheita (rizosfera)				
	Fusarium*	Trichoderma*	Pseudomonas**	Total de fungos*	Bactérias totais**	Fusarium*	Trichoderma*	Pseudomonas**	Total de fungos*	Bactérias totais**	Fusarium*	Trichoderma*	Pseudomonas**	Total de fungos*	Bactérias totais**	Fusarium*	Trichoderma*	Pseudomonas**	Total de fungos*	Bactérias totais**
1	24.2	8.4	8.7	35.0	20.2	24.9	9.2	9.3	36.6	22.2	27.2	9.9	10.3	37.9	23.7	30.7	11.3	11.5	42.5	26.3
2	23.1	11.0	8.5	41.9	20.1	16.2	8.0	9.7	42.9	23.4	19.2	8.8	10.3	44.1	26.9	22.9	12.3	11.1	45.6	26.4
3	27.3	11.4	8.6	38.5	23.7	31.7	9.0	9.3	41.5	25.8	34.6	9.6	10.0	42.6	27.7	38.8	13.6	11.2	46.8	30.5
4	26.5	12.6	8.4	40.2	22.6	32.0	10.8	9.2	42.8	24.0	33.3	11.1	10.2	43.3	24.9	35.9	14.9	11.0	47.2	28.8
5	29.0	12.7	10.9	44.9	24.4	34.6	8.2	12.8	45.6	27.0	36.4	9.4	13.8	46.6	28.8	42.3	13.9	14.7	54.2	32.8
6	24.5	15.5	11.8	42.6	24.8	30.4	11.1	12.8	46.7	26.3	33.3	12.2	13.6	49.2	28.0	41.8	17.6	14.7	54.3	29.9
7	22.9	13.7	10.4	38.5	19.9	28.4	11.6	11.6	43.3	22.6	31.6	12.3	12.3	44.7	24.0	38.8	16.7	13.8	53.8	26.3
8	24.3	12.2	9.8	37.0	19.8	39.8	13.2	11.2	50.5	23.3	41.5	14.8	12.2	53.7	25.6	50.5	16.5	12.8	61.2	29.2

* UFC(10 g^{3-1} solo)
** UFC(10^8 /$g^{'1}$ solo)

Quadro 4.11.b. Percentagem de aumento ou diminuição da população microbiana em comparação com a fase inicial em campos de cultivo de cominhos sob tratamentos com fungicidas (média de três anos)

Sr. Não.	45 DAS*										Colheita* (rizosfera)				
	Rizosfera					Rizoplano									
	Fusarium	Trichoderma	Pseudomonas	Total de fungos	Bactérias totais	Fusarium	Trichoderma	Pseudomonas	Total de fungos	Bactérias totais	Fusarium	Trichoderma	Pseudomonas	Total de fungos	Bactérias totais
1	2.89	9.52	6.90	4.57	9.90	12.40	17.86	18.39	8.29	17.33	26.86	34.52	32.18	21.43	30.20
2	-29.87	-27.27	14.12	2.39	16.42	-16.88	-20.00	21.18	5.25	33.83	-0.87	11.82	30.59	8.83	31.34
3	16.12	-21.05	8.14	7.79	8.86	26.74	-15.79	16.28	10.65	16.88	42.12	19.30	30.23	21.56	28.69
4	20.75	-14.29	9.52	6.47	6.19	25.66	-11.90	21.43	7.71	10.18	35.47	18.25	30.95	17.41	27.43
5	19.31	-35.43	17.43	1.56	10.66	25.52	-25.98	26.61	3.79	18.03	45.86	9.45	34.86	20.71	34.43
6	24.08	-28.39	8.47	9.62	6.05	35.92	-21.29	15.25	15.49	12.90	70.61	13.55	24.58	27.46	20.56
7	24.02	-12.78	11.54	12.47	13.57	37.99	-7.52	18.27	16.10	20.60	69.43	25.56	32.69	39.74	32.16
8	63.79	8.20	14.29	36.49	17.68	70.78	21.31	24.49	45.14	29.29	107.82	35.25	30.61	65.41	47.47

valores em percentagem

O maior rendimento de sementes de 610,00 kg/ha foi obtido no tratamento T-2 e foi igual ao T-1 (556,67 kg/ha). O rendimento de sementes no tratamento de controlo foi de apenas 270,67 kg/ha. Considerando os dados agrupados de três anos, a incidência mais baixa da doença foi registada no tratamento por aspersão de carbendazim 0,1 por cento (14,12%), que foi igual ao tratamento de sementes de carbendazim + mancozebe (14,35%). Nestes tratamentos, foram registados 47,49% e 46,63% de controlo da doença, juntamente com 37,15% e 26,51% de maior rendimento de sementes em comparação com o controlo, respetivamente. Nos restantes tratamentos, exceto a aplicação de oxicloreto de cobre a 0,1 por cento (T-7), observou-se uma redução significativa da doença. A incidência da doença e o respetivo controlo da doença, como se pode ver nas bracatas, são 17,06 por cento (36,56 %), 17,55 por cento (34,73 %), 19,88 por cento (26,07 %) e 20,65 por cento (23,21 %) em T-3, T-5, T-4 e T-6, respetivamente. A maior produção de sementes de 780 kg/ha foi registada na aplicação de carbendazim 0,1 por cento e foi igual ao tratamento de sementes de carbendazim + mancozeb com 662 kg/ha. O rendimento dos outros tratamentos foi igual ao do controlo.

Conclui-se a partir destes resultados que o encharcamento do solo com carbendazim 0,1 por cento (20 g/10 l de água) @ 1 l/metro quadrado após um mês de semeadura reduziu a população de

Fusarium no solo até a colheita, bem como a maior redução na incidência de murcha, juntamente com um rendimento de sementes significativamente maior. O tratamento de sementes de carbendazim 12 % + mancozeb 63 % (produto da empresa viz. Saaf 75 wp) @ 3 g/kg de semente também foi igualmente eficaz na redução da doença e melhor rendimento de sementes, exceto a redução da população de fusariose no solo, em comparação com o tratamento de carbendazim 0,1 por cento por aspersão.

O efeito negativo da aplicação de fungicidas foi registado na população de Trichoderma após 15 dias, embora o agente de biocontrolo se tenha subsequentemente acumulado no solo. O tratamento de sementes não prejudicou a população de Trichoderma no solo. A contagem total de fungos também foi menor após 45 dias de sementeira em comparação com o controlo.

Na presente descoberta, o controlo eficaz da doença com maior rendimento de grãos registado nos tratamentos de carbendazim 0,1 por cento de irrigação atribui a factores importantes, ou seja, a redução da população de Fusarium. Enquanto o melhor controlo da doença, juntamente com um maior rendimento de sementes no tratamento de sementes, parece ser apenas um efeito combinado, ou seja, a redução de Fusarium e a manutenção da população de Trichoderma.

Quadro 4.12. Eficácia da aplicação de fungicidas contra a murchidão dos cominhos

Tratamentos	2011	[-12	2012-13		2013-14		Agrupado		Percentagem Controlo da doença	Aumento do rendimento em relação ao controlo (%)
	Incidência da doença (%)	Rendimento das sementes (kg/ha)	Incidência da doença (%)	Rendimento das sementes (kg/ha)	Incidência da doença (%)	Rendimento das sementes (kg/ha)	Incidência da doença (%)	Rendimento das sementes (kg/ha)		
T 1	23.15 (15.46)	679	19.57 (И.21)	612	24.06 (16.62)	556	22.26 (14.35)	662	46.63	26.37
T2	23.69 (16.15)	816	18.75 (10.33)	762	23.77 (16.24)	610	22.07 (14.12)	780	47.49	37.51
T 3	25.21 (18.14)	689	21.66 (13.62)	525	26.32 (19.66)	420	24.39 (17.06)	579	36.56	15.86
T4	26.89 (20.45)	692	23.96 (16.49)	550	28.59 (22.90)	440	26.48 (19.88)	597	26.07	18.34
T 5	25.38 (18.36)	671	23.74 (16.21)	520	25.18 (18.10)	413	24.77 (17.55)	569	34.73	14.36
T 6	27.97 (21.99)	681	25.61 (18.69)	541	27.51 (21.33)	433	27.03 (20.65)	588	23.21	17.07
T 7	28.66 (23.01)	631	28.58 (22.89)	475	29.86 (24.79)	380	29.03 (23.55)	527	12.42	7.46
T 8	31.79 (27.75)	462	30.58 (25.88)	338	31.35 (27.06)	270	31.24 (26.89)	487	-	-
Sem ±	1.66	53.38	1.67	59.63	1.43	44.3	0.78	43.37		
C.D. a 5%	5.03	161	5.07	180	4.28	134	2.24	131		
C.V. %	10.80	13.88	12.02	19.12	10.26	17.42	9.08	13.36		

*** Os valores entre parênteses são valores retransformados**

De acordo com as presentes conclusões, o fungicida carbendazim controla eficazmente a murchidão dos cominhos quando aplicado como tratamento de sementes ou por encharcamento do solo. Há vários resultados sobre o controlo da murchidão dos cominhos com o tratamento de sementes com carbendazime e outros fungicidas (Deepak e Lal, 2009 e Raheja e Patel 2011). Estas conclusões corroboram os resultados do trabalho de investigação efectuado. Isto deve-se à redução da população fusarial na rizosfera/rizoplano, conforme refletido nas presentes experiências. Marwar e Lodha (2002) registaram a população inicial de *Fusarium oxysporum* f. sp. *cumini* e, nos anos seguintes, a sua população no campo aumentou com o aumento da incidência da murchidão e este aumento está correlacionado com o aumento da incidência da murchidão.

A aplicação no terreno de grânulos de carbendazim um mês após a sementeira foi registada como um tratamento bem sucedido para a gestão da murchidão dos cominhos (Jadeja e Nandoliya, 2008). Esta constatação também coincide com a presente investigação, uma vez que o carbendazim foi aplicado no campo.

Recomenda-se o tratamento de sementes com carbendazime + mancozebe como meio químico para a gestão da murchidão dos cominhos e a aplicação de carbendazime no solo (0,1 %) como segunda opção de aplicação química.

4.5 Eficácia do bioagente e do seu consórcio contra a murchidão do cominho

Foram efectuados ensaios de campo durante o *rabi* de 2012-13 e 2013-13 na quinta do Departamento de Fitopatologia, JAU, Junagadh, para estudar a eficácia do bioagente e do seu consórcio contra a murchidão do cominho. A variedade de cominhos Gujarat cumin-4 foi utilizada na experiência. Os pormenores dos tratamentos e do método são apresentados nos materiais e métodos. Os dados relativos à incidência da doença, ao rendimento das sementes e à população microbiana foram compilados e apresentados nos quadros 4.13, 4.14, 4.15, 4.16 e nas figuras 7 e 8, respetivamente.

4.5.1 População microbiana

A cultura da fusariose foi aplicada uma vez três dias antes do solo em todas as parcelas, enquanto a aplicação do(s) respetivo(s) bioagente(s) foi feita duas vezes, ou seja, três dias antes da sementeira e um mês após a sementeira. As amostras iniciais de solo foram recolhidas aquando da sementeira, seguidas de 45 dias e da colheita. A população de *Fusarium* spp., *Trichoderma* spp., *Pseudomonas* spp. e as contagens totais de fungos e bactérias foram registadas na fase inicial, 45 DAS (*rizosfera* e *rizoplano*) e na colheita, utilizando meios selectivos.

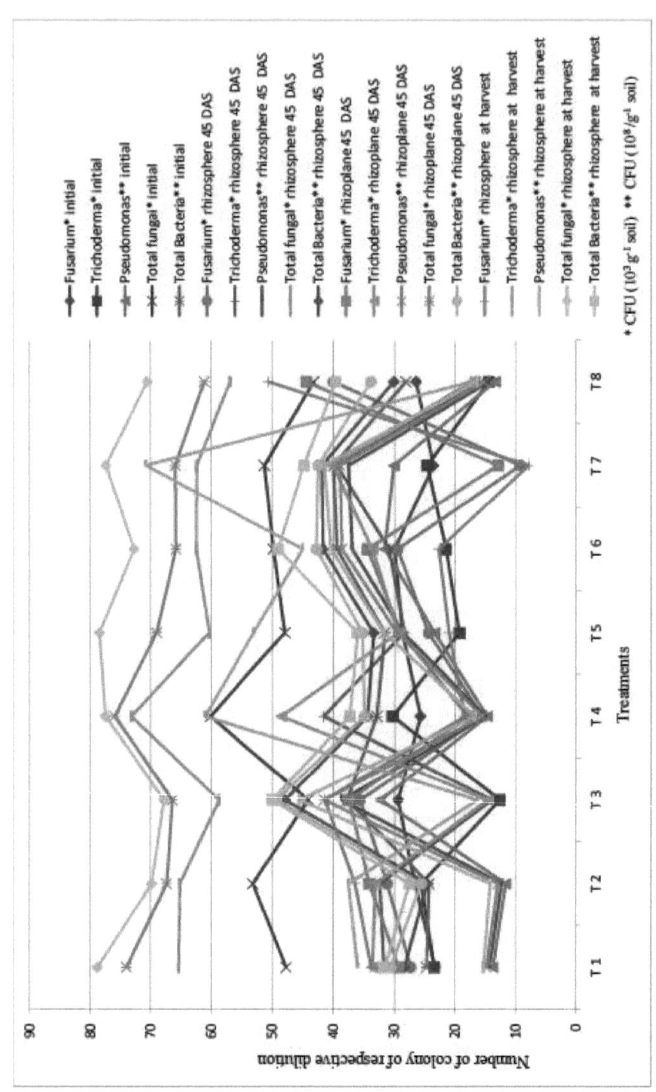

Fig 7 a. Avaliação da população microbiana do solo em campo cultivado com cominho sob tratamentos com consórcio de bioagentes (média de dois anos)

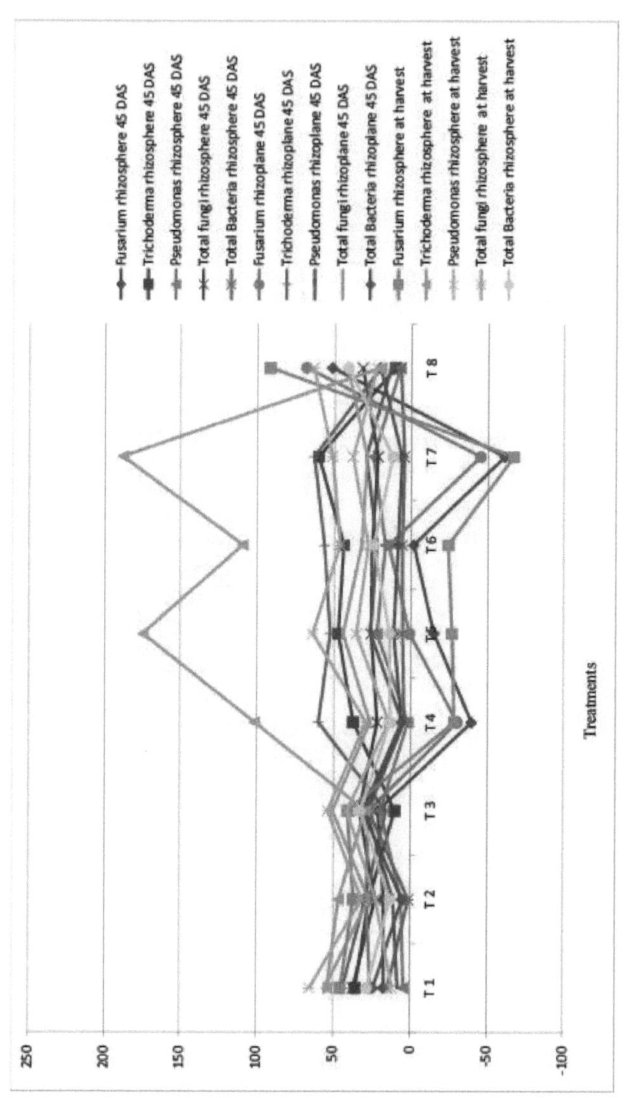

Fig. 7 b. Percentagem de aumento ou diminuição da população microbiana em comparação com a fase inicial no campo cultivado com cominho sob tratamentos com consórcio de bioagentes (média de dois anos)

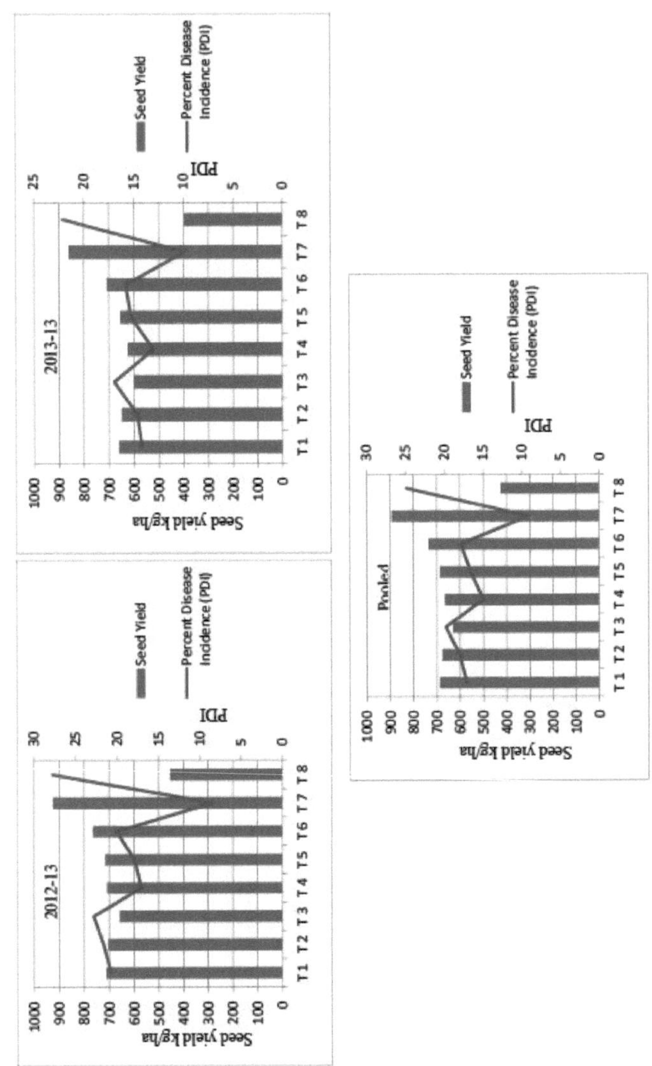

Fig. 8. Incidência de murchidão e rendimento de sementes em diferentes tratamentos com bioagentes

4.5.1.1 *Fusarium*

Na primeira época do ano (2012-13), a população de Fusarium na rizosfera após 45 dias de sementeira e na colheita reduziu-se no tratamento de *T. harzianum + T. viride* (40,07 % e 26.47 %), *T. harzianum + P. fluorescens* (13,77 % e 30,16 %), *T. viride + P. fluorescens* (4,28 % e 25,69 %) e *T. harzianum + T. viride + P. fluorescens* (59,92 % e 63,04 %). Enquanto a população de fusariose aumentou em todos os tratamentos restantes, incluindo o controlo, na gama de 8,37% a 42,81% (45 DAS) e 25,48% a 105,26% (na colheita). No rizoplano, a população de Fusarium foi reduzida em *T. harzianum* + *T. viride* (27,57%) e *T. harzianum* + *T. viride* + *P. fluorescens* (49,42%). Enquanto a população de fusariose aumentou em todos os restantes tratamentos, incluindo o controlo, entre 15,97% e 63,16% (Quadro 4.13 a e b).

No segundo ano (2013-14), a população de Fusarium na rizosfera, no rizoplano após 45 dias de sementeira e na rizosfera aquando da colheita foi reduzida (como mencionado no quadro, respetivamente) no tratamento de *T. harzianum* + *T. viride* (39,26 %, 33,88 % e 30,99 %), *T. harzianum* + *P. fluorescens* (16,04 %, 13,06 % e 22,76 %) e *T. harzianum* + *T. viride* + *P. fluorescens* (62,79 %, 40,93 % e 72,02 %). No tratamento de *T. viride* + *P. fluorescens* na colheita, registou-se uma redução de 22,79% da população. Enquanto que a população de fusariose aumentou em todos os tratamentos restantes, incluindo o controlo, na gama de 1,84% a 61,73% (rizosfera 45 DAS), 8,46% a 74,07% (rizoplano 45 DAS) e 50,21% a 75,72% (na colheita). (Quadro 4.14 a e b).

Olhando para a média de duas épocas (Quadro 4.15 a e b), a população de fusariose foi reduzida até à colheita nos tratamentos de aplicação combinada de bioagentes, nomeadamente *T. harzianum* + *T. viride*, *T. harzianum* + *P. fluorescens*, *T. viride* + *P. fluorescens* e *T. harzianum* + *T. viride* + *P. fluorescens*. Entre estes, a maior redução da população fusarial foi observada na aplicação combinada de *T. harzianum* + *T. viride* + *P. fluorescens*. Neste tratamento, a redução da rizosfera após 45 dias de sementeira e na colheita foi de 61,02 por cento e 66,95 por cento, respetivamente, enquanto a redução da população de fusariose no rizoplano foi de 45,34 por cento após 45 dias de sementeira. O maior aumento da população de Fusarium foi registado no controlo em ambas as épocas de observação.

4.5.1.2 *Trichoderma*

Na estação do primeiro ano (Tabela 4.13 a e b), a população de Trichoderma aumentou em ambos os momentos de observação em todos os tratamentos, incluindo o controlo, em comparação com a contagem inicial. A maior população foi registada no tratamento de aplicação combinada de *T. harzianum* e *T. viride* na rizosfera após 45 dias de sementeira e a população foi de $43,5 \times 10^3$ g^{-1} solo em comparação com a aplicação única de *T. harzianum* ($26,7 \times 10^3$ g^{-1} solo) e *T. viride* ($31,3 \times 10^3$ g^{-1} solo). Seguiu-se a combinação de *T. harzianum* + *T. viride* + *P. fluorescens* ($39,5 \times 10^3$ g^{-1} solo). A mesma tendência também foi observada na altura da colheita, com uma taxa crescente em comparação com as contagens anteriores.

Resultados semelhantes foram obtidos no segundo ano (Quadro 4.14 a e b) após 45 dias de sementeira. A população de Trichoderma aumentou em todos os tratamentos, incluindo o controlo. No momento da colheita, a maior população foi registada no tratamento de aplicação combinada de *T. harzianum, T. virdae* e *P. fluorescens* ($63,5 \times 10^3$ g^{-1}) em comparação com a aplicação única de *T. harzianum* ($41,7 \times 10^3$ g^{-1} solo), *T. viride* ($36,7 \times 10$ g^{3-1} solo) e *P. fluorescens* ($16,9 \times 10^3$ g^{-1} solo) .

Ao avaliar a média de dois anos (Tabela 4.15 a e b), observou-se que a população de Trichoderma aumentou em relação às contagens anteriores em todos os tratamentos, em ambos os tempos de observação, em relação às contagens anteriores. A população mais alta foi observada em tratamentos de aplicação combinada de agentes biológicos, isto é, *T. harzianum* + *T. viride* ($61,0 \times 10^3$ g^{-1} solo), e *T. harzianum* + *T. viride* + *P. fluorescens* ($70,8 \times 10^3$ g^{-1} solo).

4.5.1.3 *Pseudomonas*

Na estação do primeiro ano (Tabela 4.13 a e b), a população de Pseudomonas aumentou em ambos os momentos de observação em todos os tratamentos, incluindo o controlo, em comparação com a contagem inicial, mas a população foi maior nos tratamentos com Pseudomonas na colheita. A população também aumentou na rizosfera e no rizoplano após 45 dias de sementeira

Tabela 4.13.a. Avaliação da população microbiana do solo em campo cultivado com

cominho sob tratamentos de consórcio de bioagentes (2012-13)

N.º Sr.	Inicial (Após inculcação no sementeira)					45 DAS — Rizosfera					45 DAS — Rizoplano					Colheita (rizosfera)				
	Fusarium*	Trichoderma*	Pseudomonas**	Total de fungos*	Bactérias totais**	Fusarium*	Trichoderma*	Pseudomonas**	Total de fungos*	Bactérias totais**	Fusarium*	Trichoderma*	Pseudomonas**	Total de fungos*	Bactérias totais**	Fusarium*	Trichoderma*	Pseudomonas**	Total de fungos*	Bactérias totais**
1	26.3	21.0	14.7	49.7	31.0	28.5	26.7	15.0	62.3	33.3	30.5	28.5	15.5	75.3	34.5	33.0	30.3	16.3	79.2	36.5
2	29.7	24.5	12.7	57.5	28.3	33.7	31.3	13.3	70.4	28.7	38.5	31.5	14.0	72.3	29.7	37.5	38.3	15.3	75.3	30.3
3	32.5	10.7	34.3	48.5	43.3	38.5	12.3	38.7	58.8	46.3	40.7	13.5	43.3	69.7	47.2	42.5	15.7	46.7	68.7	48.0
4	27.2	28.3	15.3	66.8	35.7	16.3	43.5	15.7	78.8	38.0	19.7	55.7	16.3	80.7	38.7	20.0	78.5	17.5	81.3	42.3
5	30.5	18.3	23.7	52.5	28.7	26.3	28.0	28.8	65.0	30.5	34.7	29.3	29.5	71.5	31.7	21.3	59.3	30.6	87.2	31.5
6	32.7	19.3	32.7	48.3	42.3	31.3	29.0	39.5	59.3	43.5	39.3	33.5	40.5	63.2	44.0	24.3	41.3	42.3	72.3	49.7
7	25.7	23.5	28.5	53.3	40.3	10.3	39.5	35.5	64.5	41.0	13.0	40.2	37.5	67.7	41.3	9.5	78.0	40.7	80.2	42.8
8	28.5	16.3	16.0	47.3	32.5	40.7	18.3	17.0	60.8	34.5	46.5	19.3	18.0	65.5	39.3	58.5	20.3	18.7	72.5	40.5

* UFC(10 g^{3-1} solo)

** UFC(10^8 /$g^{'1}$ solo)

Tabela 4.13.b. Percentagem de aumento ou diminuição da população microbiana em comparação com a fase inicial em campos de cultivo de cominho sob tratamentos com consórcio de bioagentes (2012-13)

N.º Sr.	45 DAS* — Rizosfera					45 DAS* — Rhizoplano					Colheita* (rizosfera)				
	Fusarium	Trichoderma	Pseudomonas	Total de fungos	Bactérias totais	Fusarium	Trichoderma	Pseudomonas	Total de fungos	Bactérias totais	Fusarium	Trichoderma	Pseudomonas	Total de fungos	Bactérias totais
1	8.37	27.14	2.04	25.35	7.42	15.97	35.71	5.44	51.51	11.29	25.48	44.29	10.88	59.36	17.74
2	13.47	27.76	4.72	22.43	1.41	29.63	28.57	10.24	25.74	4.95	26.26	56.33	20.47	30.96	7.07
3	18.46	14.95	12.83	21.24	6.93	25.23	26.17	26.24	43.71	9.01	30.77	46.73	36.15	41.65	10.85

4	-40.07	53.71	2.61	17.96	6.44	-27.57	96.82	6.54	20.81	8.40	-26.47	177.39	14.38	21.71	18.49
5	-13.77	53.01	21.52	23.81	6.27	13.77	60.11	24.47	36.19	10.45	-30.16	224.04	29.11	66.10	9.76
6	-4.28	50.26	20.80	22.77	2.84	20.18	73.58	23.85	30.85	4.02	-25.69	113.99	29.36	49.69	17.49
7	-59.92	68.09	24.56	21.01	1.74	-49.42	71.06	31.58	27.02	2.48	-63.04	231.91	42.81	50.47	6.20
8	42.81	12.27	6.25	28.54	6.15	63.16	18.40	12.50	38.48	20.92	105.26	24.54	16.88	53.28	24.62

valores em percentagem

Resultados semelhantes foram obtidos na segunda estação do ano (Tabela 4.14 a e b). A população de Pseudomonas foi notavelmente aumentada em todos os tratamentos com Pseudomonas. Ao avaliar a média de dois anos (Tabela 4.15 a e b), observou-se que o maior aumento na população de Pseudomonas foi registado em quatro tratamentos com Pseudomonas. i.e. Pseudomonas sozinho (*P. fluorescens*), *T. harzianum* + *P. fluorescens, T. viride* + *P. fluorescens* e *T. harzianum* + *T. viride* + *P. fluorescens*. Nestes tratamentos, a população aumentou até à colheita. Embora tenha havido pouco aumento nos restantes tratamentos. A taxa de aumento sem e com Pseudomonas foi de 2,04 por cento a 24,58 por cento na rizosfera após 45 dias de sementeira, 5,44 por cento a 29,24 por cento no rizoplano após 45 dias de sementeira e 11,68 por cento a 41,18 por cento na colheita, respetivamente.

4.5.1.4 Fungos totais

Na estação do primeiro ano (Quadro 4.13 a e b), a população total de fungos aumentou em todos os tratamentos, incluindo o controlo em ambos os momentos de observação. Na rizosfera e no rizoplano, após 45 dias de sementeira, a população variou de $59,3 \times 10^3$ g^{-1} solo a $78,8 \times 10^3$ g^{-1} solo e $80,7 \times 10^3$ g^{-1} solo a $66,8 \times 10^3$ g^{-1} solo na fase inicial, respetivamente. O aumento da população total de fungos foi observado até a colheita.

Na estação do segundo ano (Quadro 4.14 a e b), a população total de fungos aumentou na rizosfera e no rizoplano após 45 dias de sementeira e também na colheita. Na rizosfera e no rizoplano, após 45 dias de sementeira, a população aumentou entre 22,45 por cento e 49,45 por cento e entre 30,61 por cento e 59,08 por cento e, na colheita, a população foi de 64,20 por cento a 78,30 por cento, em comparação com a população inicial nos respetivos tratamentos.

Olhando para a média global de dois anos, a população total de fungos aumentou em todos os tratamentos até à colheita. A população total de fungos aumentou à medida que o estágio de crescimento da cultura avançou. A população total de fungos na colheita variou entre $67,8 \times 10^3$ g^{-1} solo a $77,4 \times 10^3$ g^{-1} solo contra $43,2 \times 10^3$ g^{-1} solo a $60,1 \times 10^3$ g^{-1} solo na fase inicial, respetivamente. A população foi maior no rizoplano em comparação com a rizosfera.

Tabela 4.14.a. Avaliação da população microbiana do solo em campo cultivado com cominho sob tratamentos com consórcio de bioagentes (2013-14)

Sr. Não.	Inicial (Após inculcação no sementeira)					45 DAS Rizosfera					Rhizoplano					Colheita (rizosfera)				
	Fusarium*	Trichoderma*	Pseudomonas**	Total de fungos*	Bactérias totais**	Fusarium*	Trichoderma*	Pseudomonas**	Total de fungos*	Bactérias totais**	Fusarium*	Trichoderma*	Pseudomonas**	Total de fungos*	Bactérias totais**	Fusarium*	Trichoderma*	Pseudomonas**	Total de fungos*	Bactérias totais**
1	20.3	25.7	12.7	45.7	18.3	26.0	36.7	13.5	68.3	23.3	28.0	38.7	14.0	72.7	26.7	34.5	41.7	14.3	78.3	26.7
2	23.5	26.7	10.5	48.7	20.3	28.7	33.5	11.3	59.7	20.5	29.7	34.7	11.7	62.3	21.5	35.3	36.7	13.0	64.2	24.7
3	26.3	14.5	30.3	39.7	32.0	32.7	15.5	38.5	58.5	49.5	34.0	15.7	39.7	63.0	51.3	40.3	16.9	44.5	66.8	52.0
4	24.2	32.3	14.0	53.3	30.0	14.7	39.7	14.2	67.5	30.7	16.0	41.3	14.7	71.3	31.0	16.7	43.5	16.0	73.7	32.2
5	26.8	20.3	23.0	43.3	34.5	22.5	28.7	28.3	55.5	36.2	23.3	29.5	29.7	66.5	38.7	20.7	46.7	32.7	69.7	40.5
6	27.2	23.7	30.5	51.3	36.5	27.7	32.7	34.3	65.5	39.8	29.5	33.7	36.7	68.3	41.5	21	48.7	38.5	73.3	48.3
7	21.5	25.7	31.7	49.0	39.7	8.0	39.3	39.5	60.0	42.7	12.7	40.0	40.3	64.0	43.7	6	63.5	42.3	74.5	46.7
8	24.3	12.5	10.7	39.0	23.7	39.3	13.5	11.7	53.0	25.7	42.3	15.3	12.3	56.7	28.3	42.7	14.3	14.0	68.7	38.7

* UFC(10 g$^{3-1}$ solo)

** UFC(10^8 /g$^{'1}$ solo)

Tabela 4.14.b. Percentagem de aumento ou diminuição da população microbiana em comparação com a fase inicial em campos de cultivo de cominho sob tratamentos com consórcio de bioagentes (2013-14)

Sr. Não.	45 DAS* Rizosfera					Rizoplano					Colheita* (rizosfera)				
	Fusarium	Trichoderma	Pseudomonas	Total de fungos	Bactérias totais	Fusarium	Trichoderma	Pseudomonas	Total de fungos	Bactérias totais	Fusarium	Trichoderma	Pseudomonas	Total de fungos	Bactérias totais
1	28.08	42.80	6.30	49.45	27.32	37.93	50.58	10.24	59.08	45.90	69.95	62.26	12.60	71.33	45.90
2	22.13	25.47	7.62	22.59	0.99	26.38	29.96	11.43	27.93	5.91	50.21	37.45	23.81	31.83	21.67
3	24.33	6.90	27.06	47.36	54.69	29.28	8.28	31.02	58.69	60.31	53.23	16.55	46.86	68.26	62.50
4	-39.26	22.91	1.43	26.64	2.33	-33.88	27.86	5.00	33.77	3.33	-30.99	34.67	14.29	38.27	7.33

5	-16.04	41.38	23.04	28.18	4.93	-13.06	45.32	29.13	53.58	12.17	-22.76	130.05	42.17	60.97	17.39
6	1.84	37.97	12.46	27.68	9.04	8.46	42.19	20.33	33.14	13.70	-22.79	105.49	26.23	42.88	32.33
7	-62.79	52.92	24.61	22.45	7.56	-40.93	55.64	27.13	30.61	10.08	-72.09	147.08	33.44	52.04	17.63
8	61.73	8.00	9.35	35.90	8.44	74.07	22.40	14.95	45.38	19.41	75.72	14.40	30.84	76.15	63.29

valores em percentagem

Tabela 4.15.a. Avaliação da população microbiana do solo em campo cultivado com cominho sob tratamentos com consórcio de bioagentes (média de dois anos)

N.º Sr.	Inicial (Após a no sementeira de momento)					45 DAS Rizosfera					45 DAS Rizoplano					Colheita (rizosfera)				
	Fusarium*	Trichoderma*	Pseudomonas**	Total de fungos*	Bactérias totais**	Fusarium*	Trichoderma*	Pseudomonas**	Total de fungos*	Bactérias totais**	Fusarium*	Trichoderma*	Pseudomonas**	Total de fungos*	Bactérias totais**	Fusarium*	Trichoderma*	Pseudomonas**	Total de fungos*	Bactérias totais**
1	23.3	23.4	13.7	47.7	24.7	27.3	31.7	14.3	65.3	28.3	29.3	33.6	14.8	74.0	30.6	33.8	36.0	15.3	78.8	31.6
2	26.6	25.6	11.6	53.1	24.3	31.2	32.4	12.3	65.1	24.6	34.1	33.1	12.9	67.3	25.6	36.4	37.5	14.2	69.8	27.5
3	29.4	12.6	32.3	44.1	37.7	35.6	13.9	38.6	58.7	47.9	37.4	14.6	41.5	66.4	49.3	41.4	16.3	45.6	67.8	50.0
4	25.7	30.3	14.7	60.1	32.9	15.5	41.6	15.0	73.2	34.4	17.9	48.5	15.5	76.0	34.9	18.4	61.0	16.8	77.5	37.3
5	28.7	19.3	23.4	47.9	31.6	24.4	28.4	28.6	60.3	33.4	29.0	29.4	29.6	69.0	35.2	21.0	53.0	31.7	78.5	36.0
6	30.0	21.5	31.6	49.8	39.4	29.5	30.9	36.9	62.4	41.7	34.4	33.6	38.6	65.8	42.8	22.7	45.0	40.4	72.8	49.0
7	23.6	24.6	30.1	51.2	40.0	9.2	39.4	37.5	62.3	41.9	12.9	40.1	38.9	65.9	42.5	7.8	70.8	41.5	77.4	44.8
8	26.4	14.4	13.4	43.2	28.1	40.0	15.9	14.4	56.9	30.1	44.4	17.3	15.2	61.1	33.8	50.6	17.3	16.4	70.6	39.6

* UFC($10 g^{3-1}$ solo)

** UFC($10^8 /g^{'1}$ solo)

Tabela 4.15.b. Percentagem de aumento ou diminuição da população microbiana em comparação com a fase inicial em campos de cultivo de cominho sob tratamentos com consórcio de bioagentes (média de dois anos)

N.º Sr.	45 DAS*		Colheita* (rizosfera)
	Rizosfera	Rizoplano	

	Fusarium	Trichoderma	Pseudomonas	Total de fungos	Bactérias totais	Fusarium	Trichoderma	Pseudomonas	Total de fungos	Bactérias totais	Fusarium	Trichoderma	Pseudomonas	Total de fungos	Bactérias totais
1	17.17	35.47	4.38	36.90	14.57	25.75	43.59	8.03	55.14	23.89	45.06	53.85	11.68	65.20	27.94
2	17.29	26.56	6.03	22.60	1.23	28.20	29.30	11.21	26.74	5.35	36.84	46.48	22.41	31.45	13.17
3	21.09	10.32	19.50	33.11	27.06	27.21	15.87	28.48	50.57	30.77	40.82	29.37	41.18	53.74	32.63
4	-39.69	37.29	2.04	21.80	4.56	-30.35	60.07	5.44	26.46	6.08	-28.40	101.32	14.29	28.95	13.37
5	-14.98	47.15	22.22	25.89	5.70	1.05	52.33	26.50	44.05	11.39	-26.83	174.61	35.47	63.88	13.92
6	-1.67	43.72	16.77	25.30	5.84	14.67	56.28	22.15	32.13	8.63	-24.33	109.30	27.85	46.18	24.37
7	-61.02	60.16	24.58	21.68	4.75	-45.34	63.01	29.24	28.71	6.25	-66.95	187.80	37.87	51.17	12.00
8	51.52	10.42	7.46	31.71	7.12	68.18	20.14	13.43	41.44	20.28	91.67	20.14	22.39	63.43	40.93

valores em percentagem

4.5.1.5 Bactérias totais

Na estação do primeiro ano (Tabela 4.13 a e b) houve um pequeno aumento na população bacteriana total em todos os tratamentos em ambas as épocas de observação. Na rizosfera e no rizoplano, após 45 dias de sementeira, a população aumentou entre 1,41% e 7,42% e entre 4,02% e 20,92% e, na colheita, na rizosfera, entre 6,20% e 24,62%, respetivamente.

Na estação do segundo ano (Tabela 4.14 a e b), a população total de bactérias aumentou na rizosfera e no rizoplano aos 45 DAS e também na colheita. Na rizosfera e no rizoplano, após 45 dias de sementeira, a população aumentou entre 2,33% e 54,69% e 3,33% e 60,31% e, na colheita, a população na rizosfera foi de 7,33% a 63,29%, respetivamente.

Olhando para a média geral de dois anos, a população total de bactérias aumentou em todos os tratamentos e a maior população foi observada na colheita. A população bacteriana total aumentou até à colheita. A população foi ligeiramente superior no rizoplano em comparação com a rizosfera.

4.5.2 Incidência de doenças e rendimento

Os resultados apresentados na Tabela 4.16 mostram que, no primeiro ano de 2012-13, a incidência de murchidão foi significativamente menor nos tratamentos T4, T5, T6 e T7, em comparação com o controlo. A incidência mais baixa da doença foi registada no tratamento T-7 (8,42%) e manteve-se significativamente mais elevada do que em todos os outros tratamentos. A incidência mais elevada da doença foi registada no controlo (27,81 %). Em todos os tratamentos, o rendimento das sementes foi significativamente mais elevado do que no controlo. O maior rendimento de sementes de 925 kg/ha também foi obtido no tratamento de *T. harzianum* + *T. viride* + *P. fluorescens* e permaneceu significativamente superior aos outros tratamentos. O rendimento de sementes no tratamento de controlo foi de apenas 454 kg/ha.

Os resultados apresentados no quadro 4.16 mostram que, na segunda época de 2013-14, a incidência de murchidão foi significativamente reduzida em todos os tratamentos, em comparação com o controlo. A incidência mais baixa da doença foi registada em *T. harzianum + T. viride + P. fluorescens* (9,88 %) e permanece significativamente mais elevada do que nos outros tratamentos. A incidência mais elevada da doença foi registada no controlo (22,16 %). O rendimento das sementes foi também significativamente mais elevado em todos os tratamentos, em comparação com o controlo. O maior rendimento de sementes de 862 kg/ha também foi obtido no tratamento de *T. harzianum + T. viride + P. fluorescens* e permaneceu a par com *T. viride + P. fluorescens*. O rendimento de sementes no tratamento de controlo foi de apenas 397 kg/ha.

Olhando para os dados agrupados de dois anos, a incidência mais baixa da doença foi registada no tratamento de *T. harzianum + T. viride + P. fluorescens* (9,13%), que foi 63,39% superior ao controlo e permaneceu significativamente superior a todos os tratamentos. Seguiu-se a aplicação de *T. harzianum + T. viride* (15,02%). *T. harzianum + P. fluorescens* (16,60 %), *T. viride + P. fluorescens* (17,93 %), *T. harzianum* (17,16 %), *T. viride* (18,04 %) e *P. fluorescens* (19,84 %) e foram iguais. A maior incidência de doenças foi registada no controlo (24,94 %). O rendimento mais elevado de sementes de 893 kg/ha também foi registado em *T. harzianum + T. viride + P. fluorescens* e 52,38 por cento mais elevado do que o controlo e permaneceu significativamente superior a todos os tratamentos. Seguido por *T. viride + P. fluorescens* (736 kg/ha), *T. harzianum* (687 kg/ha), *T. harzianum + P. fluorescens* (685 kg/ha), *T. viride* (677 kg/ha), *T. harzianum + T. viride* (666 kg/ha) e *P. fluorescens* (629 kg/ha) e foram iguais. O rendimento mais baixo de sementes foi registado no controlo 425 kg/ha.

No presente estudo, todos os tratamentos com bioagentes, isoladamente ou em combinação, foram considerados eficazes na redução da murchidão dos cominhos, com maior rendimento de sementes em comparação com o controlo. Embora a aplicação combinada de *Trichoderam harzianum + T.viride, + Pseudomonas fluorescens* tenha sido considerada mais eficaz no controlo da doença e tenha também apresentado um maior rendimento de sementes. Recomenda-se, a partir deste ensaio de campo, que para a gestão da murchidão do cominho e para obter um maior rendimento de sementes, a aplicação de *T. harzianum* ou *T. viride* ou *P. fluorescens*, isoladamente ou em combinação, a 5 kg de produto à base de talco/ha (FYM 500 kg/ha) deve ser dada no momento da sementeira e um mês após a sementeira (solo transportador 100 kg/ha).

Tabela 4.16. Eficácia dos bioagentes e do seu consórcio contra a murchidão do cominho

Tratamentos	2012-13		20	13-14		Agrupado		Percentagem Controlo da doença	Aumento do rendimento em relação ao controlo (%)
	Incidência da doença (%)	Rendimento das sementes (kg/ha)	Incidência da doença (%)	Rendimento das sementes (kg/ha)	Incidência da doença (%)	Rendimento das sementes (kg/ha)			
T 1	26.97 (20.29)	712	22.16 (14.23)	662	24.47 (17.16)	687	31.19	38.04
T2	27.74 (21.67)	704	22.52 (14.68)	650	25.13 (18.04)	677	27.67	37.14
T3	28.55 (22.83)	658	24.35 (17.00)	600	26.44 (19.84)	629	20.45	32.35
T4	24.44 (17.12)	708	21.17 (13.04)	625	22.80 (15.02)	666	39.78	36.16
T 5	25.05 (17.92)	716	23.04 (15.31)	654	24.04 (16.60)	685	33.44	37.90

T6	26.65 (20.12)	765	23.46 (15.84)	708	25.05 (17.93)	736	28.11	42.23
T 7	16.86 (8.42)	925	18.32 (9.88)	862	17.58 (9.13)	893	63.39	52.38
T 8	31.83 (27.81)	454	28.09 (22.16)	397	29.95 (24.94)	425	-	-
Sem ±	1.63	48.37	1.21	55.87	1.02	36.96		
C.D. a 5%	4.95	146	3.67	169	2.94	107		
C.V. %	10.88	11.86	9.15	15.02	10.18	13.41		

*** Os valores entre parênteses são valores retransformados**

Conclui-se também do estudo da população microbiana do ensaio de campo que, à medida que a população de *Trichoderma* spp. e *Pseudomonas* spp. aumenta, a população de *Fusarium* spp. diminui e a incidência de murchidão também diminui.

Observações semelhantes foram registadas por Vyas e Mathur (2002) relativamente à distribuição de *Trichoderma* spp. na rizosfera do cominho e ao seu efeito na murchidão no campo do agricultor após 60 dias de sementeira. Verificaram que uma maior população de *Trichoderma* spp. no solo reduzia a contagem de fusariose e a incidência de murchidão.

Anteriormente, Vyas e Mathur (1999) e Aghnoom *et al.* (2002) também observaram *Trichoderma harzianum* como um potencial agente de biocontrolo contra a *murcha* de *Fusarium* do cominho através de antibiose e hiperparasitismo.

Recentemente, Chawla *et al.* (2012) estudaram o efeito de bioagentes sobre a população de *Fusarium oxysporum* e a incidência de murchidão em cominhos em condições de estufa, com diferentes tratamentos de sementes de *Trichoderma harzianum, T. viride, Pseudomonas fluorescens* e *Bacillus substilis*. Os autores referiram que, com uma população mais elevada de Fusarium, a incidência da murchidão também era mais elevada.

A população fusarial no solo e a respectiva incidência de murchidão nos cominhos foram muito bem relatadas por Marwar e Lodha (2002). Estes autores referiram que todos os anos a população de *Fusarium oxysporum* f. sp. *cumini* no campo aumentava e que este aumento estava correlacionado com um aumento da incidência da murchidão.

Também se registaram mecanismos semelhantes na murchidão de outras culturas. Khan *et al.* (2004) registaram uma baixa população de *Fusarium* spp. com menor incidência de murchidão do grão-de-bico sob uma população mais elevada de *Trichoderama* spp./Pseudomonas *fluorescens*.

A eficácia de *Trichodema* spp. e de *Pseudomonas fluorescente* também foi registada contra a murchidão fusarial de outras culturas. A aplicação no terreno de *Trichoderma* spp. e *P. fluorescens* provou ser eficaz para o controlo da murchidão do pegionpea (Somasekhara *et al.* 1996) e da murchidão da banana (Saravanan *et al.* 2003).

CAPÍTULO - V

RESUMO E CONCLUSÃO

O cominho (*Cuminum cyminum* L.) é uma importante cultura de especiarias do nosso país. A Índia é o maior produtor e consumidor de sementes de cominho do mundo. Esta cultura é exclusivamente cultivada em Gujarat e Rajasthan. A área cultivada com cominhos na Índia é de cerca de 5,93 lakh ha, com uma produção anual de 3,95 lakh MT (Anon. 2013).

A murchidão causada por *Fusarium oxysporum* f. sp. *cumini* é uma doença grave dos cominhos. Tendo em conta a sua ocorrência regular e as perdas económicas, o agente patogénico da murchidão foi selecionado para a presente investigação, a fim de gerar informações sobre a natureza patogénica e a variabilidade de diferentes isolados, a seleção de cultivares e o ensaio de produtos químicos e bioagentes para a gestão da murchidão, em condições de campo, para encontrar uma solução para os problemas actuais na cultura do cominho.

Os ensaios de rastreio/patogenicidade de ambas as estações mostraram que os isolados que não eram patogénicos na primeira estação também foram considerados não funcionais e não produziram doença. Do mesmo modo, a gravidade dos isolados patogénicos também se situa na mesma gama/classificação em ambas as estações. Estes resultados indicam que os isolados isolados das raízes infectadas podem ou não ser patogénicos. Assim, uma vez que o(s) isolado(s) recebido(s) em cultura pura, é necessário testar a sua patogenicidade, de modo a que a cultura patogénica seja utilizada para os restantes ensaios laboratoriais e de campo.

Os sintomas observados nas plantas infectadas foram o tombamento das folhas superiores, seguido dos ramos inferiores e, finalmente, a secagem de toda a planta. Os sintomas radiculares incluem a descoloração dos vasos da raiz axial quando cortados verticalmente e a redução do crescimento. As pontas das raízes axiais danificadas revelaram a proliferação de raízes secundárias acima da área da lesão da raiz axial.

Com base no padrão de crescimento do micélio, os isolados puderam ser categorizados em dois grupos, ou seja, crescimento esparso e crescimento denso. A maioria dos isolados tinha crescimento denso ou esparso com margem lisa. A pigmentação amarela pálida típica foi observada na maioria dos isolados mesmo após um mês de incubação.

Isolados *viz.*, Vadod-2, Vadod-3, Surendrangar-2, Surendrangar-3, Dhangadhra-1, Dhangadhra-2 Surajgadh, Kotada sangani-1, Devala, Virpur, Junagadh, Keshod-1 e

Os isolados de Keshod-2 apresentaram boa esporulação. Seis isolados com esporulação moderada foram Vadod-1, Surendranagar-1, Dhangadhra-3, Sedla-1, Limdi e Ganod. Foi observada uma fraca esporulação nos isolados Surendrangar-4, Sedla, Devagadh, Hadad, Hadala, Chuda, Kotdasangani-2, Upleta, Chhodavadi, Mendarada e Kadachh.

Foi revelado que a esporulação tem relevância para a virulência dos isolados. Os isolados que produziram uma esporulação abundante eram altamente virulentos, enquanto os isolados com esporulação fraca a moderada produziram uma percentagem de patogenicidade muito baixa ou não eram patogénicos.

Com base no hábito de crescimento, os isolados foram categorizados em 3 grupos: crescimento rápido, crescimento moderado e crescimento lento. Cinco isolados apresentaram um hábito de crescimento rápido, sete isolados apresentaram um hábito de crescimento lento e 18 isolados apresentaram um hábito de crescimento moderado.

Na presente investigação, os caracteres comuns aos isolados altamente virulentos foram o crescimento micelial espraiado a denso, a pigmentação amarela pálida, o hábito de crescimento moderado a rápido e a esporulação abundante.

A observação microscópica revelou que os microconídios em todos os isolados eram pequenos, com uma a três células, hialinos com forma oval a reniforme e oval a oblonga com forma ligeiramente curvada. O seu comprimento variava de 3,64 a 19,32 gm, enquanto a largura variava de 2,24 a 9,85 gm. Os macroconídios em todos estes isolados eram longos, variáveis em tamanho e forma, de largura algo uniforme exceto na extremidade, curvados para a extremidade onde eram estreitos, rombos e suavemente arredondados ou pontiagudos na ponta, na sua maioria 2-5 septados e de cor hialina. O seu comprimento variou de 12,13-36,84 gm, enquanto a largura variou de 2,18-8,91 gm. A comparação entre o tamanho e a septação em micro e macro conídios de espécies patogénicas e não patogénicas não deu uma imagem clara, pelo que se observa claramente no presente estudo que a medição dos conídios não tem qualquer relevância para a sua virulência.

Seis iniciadores amplificaram um total de 8 bandas com uma média de 1,3 bandas por iniciador (placas 8 e 9). Das 8 bandas/alelos, 7 eram polimórficas e uma era monomórfica. A média de polimorfismo foi de 56% para os seis iniciadores SSR. Os fragmentos amplificados situavam-se na gama de 118-510 pb. O valor médio de PIC para seis iniciadores foi de 0,509 PIC por iniciador e 0,769 índice de iniciadores SSR (SPI).

Trinta isolados de *Fusarium oxysporum* de oito primers SSR mostraram uma média de 56% de semelhança entre os isolados. Os marcadores SSR colocaram todos os isolados em dois grandes grupos: o primeiro grupo era constituído por isolados patogénicos e não patogénicos e o segundo grupo por isolados não patogénicos. O primeiro grupo era constituído por vinte e dois isolados Limdi, Sedla-1, Dhangadhra-3, Hadala, Virpur, Devgadh, Chuda, Surendranagar-1, Ganod, Vadod-1, Surendranaga-2, Keshod-2, Surajgadh, Junagadh, Surendranagar-3, Dhangadhra-2, Vadod-2, Vadod-3, Keshod-1 e Kotadasangani-1, com 64% de semelhança. O grupo II é constituído por 8 isolados: Kotadasangani-2, Chhodavadi, Sedla-2, Upleta, Surendrangar-4, Hadad, Mendarda e Kadachh, com 71% de semelhança.

Das quinze variedades/linhas testadas, uma linha (JC-2000-9) foi considerada isenta de doença. As linhas *viz.*, JC-2000-3, JC-2000-4, JC-2000-11, JC-2000-20, JC-2000-21, JC-2000-22, JC-2000-27, JC-2000-29, JC-2000-40, JC-2000-53 e JC-2000-54 foram consideradas moderada a altamente susceptíveis. As variedades recomendadas do Estado de Gujarat, nomeadamente GC-2, GC-3 e GC-4, foram consideradas altamente susceptíveis a *F. oxysporum* f. sp. *cumini* no âmbito da presente investigação.

Nas tiras de irrigação com fungicida, entre dois fungicidas, nenhuma das concentrações de oxicloreto de cobre reduziu satisfatoriamente a população de fusariose no solo. Enquanto a concentração mais elevada de carbendazim (0,1 %), que equivale a 20 g/ 10 litros de água do produto comercializado, reduziu eficazmente a população de fusariose, embora as concentrações mais baixas não tenham sido eficazes. Embora a população de fusariose tenha sido inferior em todos os tratamentos em comparação com o controlo. Estes resultados indicam que a aplicação única de carbendazim 50 % wp (0,1 %) após 30 DAS controlou a população de fusariose no solo até à colheita da cultura.

O aumento da população de Trichoderma após 45 dias de sementeira foi registado no tratamento de sementes e no controlo. Todos os tratamentos fungicidas reduziram a população de Trichoderma após 15 dias da sua aplicação. Durante a colheita, o Trichoderma registou o seu défice e a população aumentou em todos os tratamentos.

A população de Pseudomonas em todos os tratamentos aumentou em ambos os momentos de observação. Observou-se que o aumento da população foi maior no rizoplano do que na rizosfera após 45 dias de sementeira e a população aumentou à medida que a fase de crescimento da cultura aumentou. A população mais elevada foi registada na colheita. A diferença de população entre os tratamentos foi registada na primeira observação, mas não foi demonstrada na colheita.

Olhando para a média geral dos três anos, a população total de fungos aumentou em todos os tratamentos e, comparativamente, observou-se uma população mais elevada na colheita. A maior população de fungos foi observada no tratamento de controlo em todos os três anos. A população total de fungos aumentou com o avanço da fase de crescimento da cultura. A população foi maior no rizoplano em comparação com a rizosfera. Em geral, a população de fungos foi muito baixa em todos os tratamentos fungicidas em comparação com o controlo em ambos os períodos. Isto mostra o efeito fungicida no solo sobre a população de fungos.

A população total de bactérias em todos os tratamentos aumentou em ambos os momentos de observação. Observou-se que o aumento da população foi maior no rizoplano do que no rizoplano aos 45 dias de sementeira e a população aumentou à medida que a fase de crescimento da cultura avançava. A população mais elevada foi registada na colheita. O aumento da população bacteriana foi superior ao da população fúngica, em comparação com o controlo. A população foi quase sempre acoplada em todos os tratamentos na fase de colheita.

Conclui-se que o encharcamento do solo com carbendazim 0,1 por cento (20 g/10 l de água) @ 1 l/metro quadrado após um mês de semeadura reduziu a população de Fusarium no solo até a colheita, bem como a maior redução na incidência de murcha, juntamente com um rendimento de sementes significativamente maior. O tratamento de sementes de carbendazim 12 % + mancozeb 63 % (produto da empresa viz. Saaf 75 wp) @ 3 g/kg de semente também foi igualmente eficaz na redução da doença e melhor rendimento de sementes, exceto a redução da população de fusariose no solo, em comparação com o tratamento de carbendazim 0,1 por cento por aspersão.

Nos ensaios de aplicação de bioagentes, a população fusarial foi reduzida até à colheita nos tratamentos de aplicação combinada de bioagentes, nomeadamente *T. harzianum + T. viride, T. harzianum + P. fluroscense, T. viride + P. fluroscense* e *T. harzianum + T. viride + P. fluroscense*. Entre estes, a maior redução da população fusarial foi observada na aplicação combinada de *T. harzianum + T. viride + P. fluroscense*. Neste tratamento, a redução da rizosfera após 45 dias de sementeira e na colheita foi de 61,02 por cento e 66,95 por cento, respetivamente, enquanto a redução da população de fusariose no rizoplano foi de 45,34 por cento após 45 dias de sementeira. O maior aumento da população de fusarium foi registado no controlo em ambas as épocas de observação.

A população de Trichoderma aumentou em relação às contagens anteriores em todos os tratamentos em ambos os tempos de observação, em comparação com as contagens anteriores. Foi observada uma maior população nos tratamentos de aplicação combinada de agentes biológicos, ou seja, *T. harzianum + T. viride* e *T.*

harzianum + T. viride + P. fluroscense.

A população de Pseudomonas foi registada em Pseudomonas alteradas em quatro tratamentos, ou seja, Pseudomonas só (*P. fluroscense*), *T. harzianum + P. fluroscense, T. viride + P. fluroscense* e *T. harzianum + T. viride + P. fluroscense*. A população foi aumentada até à colheita nestes tratamentos. Embora tenha havido pouco aumento nos restantes tratamentos.

A população total de fungos aumentou em todos os tratamentos até à colheita. A população total de fungos aumentou à medida que a fase de crescimento da cultura avançou. A população foi maior no rizoplano em comparação com a rizosfera.

A população total de bactérias aumentou em todos os tratamentos e a maior população foi observada na colheita. A população bacteriana total aumentou até à colheita. A população foi ligeiramente superior no rizoplano em comparação com a rizosfera.

No presente estudo, todos os tratamentos com bioagentes, isoladamente ou em combinação, foram considerados eficazes na redução da murchidão dos cominhos, com maior rendimento de sementes em comparação com o controlo. Embora a aplicação combinada de *Trichoderam harzianum + T.viride, + Pseudomonas fluroscence* tenha sido considerada mais eficaz no controlo da doença e tenha também apresentado um rendimento de sementes mais elevado. Recomenda-se, a partir deste ensaio de campo, que para a gestão da murcha do cominho e para obter um maior rendimento de sementes, a aplicação de *T. harzianum* ou *T. viride* ou *P. fluroscense*, isoladamente ou em combinação, @5 kg de produto à base de talco/ha (FYM 500 kg/ha) deve ser dada no momento da sementeira e um mês após a sementeira (solo transportador 100 kg/ha).

Conclui-se também do estudo da população microbiana do ensaio de campo que, à medida que a população de *Trichoderma* spp. e *Pseudomonas* spp. aumenta, a população de *Fusarium* spp. diminui e a incidência de murchidão também diminui.

BIBILOGRAFIA

Aghnoom, R.; Falahati, R. M. e Jafarpour, B. 1999. Comparação do controlo químico e biológico da murcha do cominho (*Fusarium oxysporum* f. sp. *cumini*) em condições de laboratório e estufa. *Iranian J. Agri. Sci.* **30**: 619-630.

Aghnoom, R.; Falahati-Rastegar M.; Jafarpour, B. 2002. Comparação do controlo químico e biológico da murcha do cominho (*Fusariumoxysporum* f. sp. *cumini*) em condições de laboratório e de estufa. Iranian J. Agril *Sci.* **30(3):** 619-630.

Agnihotri, J. P. e Sharma, A. K. 1987. Eficácia de fungicidas na inibição do crescimento de *Fusarium oxysporumf.sp. cumini* e na redução da incidência de murchidão em cominho. *Indian Cocoa Arecanut & Spices J.* **10**: 84-87.

Ahmad, M. e Upadhyay, R.S. 2009. Role of Soil Amendment with Plant Growth Promoting Fungi and Wilt Pathogen on Growth and Yield of Tomato (Papel da Emenda do Solo com Fungos Promotores do Crescimento de Plantas e Patógeno da Murchidão no Crescimento e Rendimento do Tomate). *J. Mycol. Pl. Pathol.* **39(2)**:312-316.

*Anderson, J.A.; Churchill, G.A.; Sutrique, J.E.; Tanksley, S.D. e Sorrels, M.E. 1993. Otimização da seleção parental para mapas de ligação genética. *Genome. 36:* 181-186.

Anónimo. 2010. Especiarias - Perfil, Dinamismo, Perspectivas e Estratégias. Way 2 Wealth Research. pp 5-11.

Anónimo. 2012. Estimativas distritais de área, produção e produtividade de cominho. Direção da Agricultura, Gandhinagar.

*Arafa, M.K.M. 1985. Estudos sobre a murcha de Fusarium em cominhos. Tese de Mestrado, (Não publicada) Universidade de Assiut, Egito.

Arora, D.K.; Yadav, P.; Kumar, D.; e Patni V. 2004. Evaluation of cumin varieties for resistance to blight and wilt diseases (Avaliação de variedades de cominho quanto à resistência a doenças de ferrugem e murchidão). *J. Mycol. Pl. Pathol., 34* : 622-623.

Atlas, R.M. 2010. Handbook of Microbilogical media, 4th Edition. CRS Press. p-2043.

Baradia, P.K. e Rai. P.K. 2008. Variabilidade em *Fusarium oxysporum* f. sp. *cumini. Ann. Pl. Protec. Sci. 16 (2)* : 444-448.

Barakat, R.M. e Masri, M. 2009. *Trichoderma harzianum* em combinação com estrume de ovelha aumenta a capacidade de supressão do solo da murcha de Fusarium do tomate *Phytopathol. Mediterr.* (2009) *48*: 385-395.

Barnwal, M.K.; Maiti, D. e Pandey, A.C. 2011. Gestão da murchidão do tomateiro causada por *Fusarium oxysporum* f.sp. *lycopersici* através da utilização de bioagentes e alterações orgânicas. *Indian Phytopath. 64 (2)*: 194-196.

Barve, M.P.: Haware, M.P.: Sainani, M.N.; Ranjekar, P.K. e Gupta, V.S. 2001. Potencial dos microssatélites para distinguir quatro raças de *Fusariumoxysporum f. sp. ciceri* prevalecentes na Índia. *Theor Appl Genet.* **102**:138-14.

Baysal, O.; Siragusa, M.; Gumrukcu, E.; Zengin, S.; Carimi, F.; Sajeva, M.; Jaime, A. e Teixeira, D.S. 2010. Caracterização molecular de **Fusarium oxysporum** f. sp. **Melange** nae por marcadores ISSR e RAPD em beringela. **Biochem Genet** **48**: 524-537.

Belgrove, A. 2007. Controlo biológico de *Fusarium oxysporum* f. sp. *cubense* utilizando endófitos não patogénicos *de F. oxysporum*. Tese de mestrado apresentada à Universidade de Pretória. pp 171.

Benoson, H.J. 2002. *Microbial Application* 8th Edition. McGraw Hill. p.87.

Bhatnagar, K.; Tak, S.K.; Sharma, R.S.; Majumdar, V.L.; e Meena, R.L. 2013. Gestão da murcha de cominho causada por *Fusarium oxysporum* f. sp. *cumini* através de agentes químicos e biológicos. *Indian Phytopath.* **66 (1)**: 101-102

Bogale, M.; Wingfield, B.D.; Wingfield, M.J. e Steenkamp, E.T. 2006. Caracterização de isolados de *Fusarium oxysporum* da Etiópia utilizando AFLP, SSR e análises de sequência de ADN. *Fungal Diver.* **23**: 51-66.

Booth, C. 1971. The Genus Fusarium.Commonwealth Mycological Institute, Kew, Surrey, Reino Unido, 237 pp.

Borrero, C.; Ordovas, J.; .Trillas, M.I. e Aviles, M. 2006. Supressividade da murcha de Fusarium do tomateiro. A relação entre os meios orgânicos de crescimento de plantas e as suas comunidades microbianas caracterizadas pelo Biolog®. *Biologia e Bioquímica do Solo* **30**:1631-1637.

Bruford, M.W. e Wayne, R.K. 1993. Microsatélites e suas aplicações em estudos de genética populacional. *Current Opinion in Genetics and Development* **3**: 939-943.

Cha, S.D.; Jeon, Y.J.; Ahn, R.G.; Han, J.I.; Han, K.H. e Kim, S.H. 2007. Caracterização de *Fusarium oxysporum* isolado de pimentão na Coreia. *Myco bio.* **35(2)**: 91-96.

Champawat, R. S. e Pathak, V. N. 1991. Effect ofungicidal seed treatment on wilt diseaseof cumin. J. *Turkish Phytopathol.* **20**: 23-26.

Champawat, R. S. 1990. Eficácia dos fungicidas contra *F. oxysporumf.sp. cumini.* *J.Phytopath. Res.* **3**:133-136.

Champawat, R.S. e Pathak, V.N. 1989. Variações culturais, morfológicas e patogénicas em *Fusarium oxysporum* f. sp. *cumini. Indian J. Mycology Plant Pathology.* **19**:178183.

Chawla, N.; Gangopadhyay, S. e Dhaka, B.R. 2012. Abordagem ecológica para suprimir a murcha de Fusarium de cominho. *Pl. Dis. Res.* **27(2)**:127-133.

Chawla, S. e Gangopadhyay, S. 2009. Integração de emendas orgânicas e bioagentes na supressão da murcha do cominho causada por *Fusarium oxysporum* f. sp. *cumini. Indian Phytopath.* **62(2)**: 209-216.

Cumagun, C.J.; Aguirre, J.A.; Relevante, C.A. e Balatero, C.H. 2010. Patogenicidade e agressividade de *Fusarium oxysporum* Schl. em cabaça de garrafa e cabaça amarga. *Plant Protect Sci* **46(2)**:51-58.

Datta, S.; Choudhary, R. G.; Shamim, M.; Singh, R. K. e Dhar, V. 2011. Molecular diversity in Indian isolates of *Fusarium oxysporum* f.sp. *lentis* inciting wilt disease in lentil (*Lens culinaris* Medik). *Jornal Africano de Biotecnologia,* **10(38)**: 73147323.

Dange, S.R.S.; Pandey, R.L. e Savlaia, R.L. 1992. Doenças dos cominhos e sua gestão - uma revisão. *Agric. Rev. Karnal.* **13**:219-224.

Dange, S.R.S. 1995. Doenças dos cominhos (*Cuminum cyminum* L.) e sua gestão.*J Spices Arom Crops* **4**: 57-60.

De Boer, M.; Van der Sluis, I.; Van Loon, L.C. e Bakker, P.A.H.M. 1999. Combinação de estirpes fluorescentes *de Pseudomonas* spp. para melhorar a supressão da murcha de fusarium do rabanete. European Journal of Plant *Pathology* **105**: 201-210.

De, R.K.; Dwivedi R. P. e Udit Narain (2003). Controlo biológico da murcha da lentilha causada por *Fusarium oxysporum* f. sp. *lentis Ann. Pl. Protec. Sci.* **11**:46-52.

Deepak, P. e Lal, G. 2009. Estratégia integrada para controlar a doença da murchidão do cominho (*Cuminum cyminum* L.) causada por *Fusarium oxysporum* f. sp. *Cumini* (Schlecht) Prasad & Patel. *J Spices Arom Crops* **18(1)**:13-18.

Deepak, P.; Saran, L. e Lal, G. 2008. Controlo de doenças de murchidão e ferrugem do cominho através de fungos antagonistas em condições in vitro e de campo. *Not. Bot. Hort. Agrobot. Cluj.* **36(2)**:91-96.

Deepak, P.; Arora, D.K.; Saran, P.L. e Lal, G. 2008. Avaliação de variedades de cominho contra doenças de ferrugem e murchidão com o tempo de semeadura. *Ann. Pl. Protec. Sci.* **16 (2)**: 441443.

Desai, A G; Dange, S R S; Patel D S e Patel D B. 2003. Variabilidade em *Fusarium oxysporum* f.sp. *ricini* que causa a murchidão da mamona. *Indian Journal of Mycology and Plant Pathology.* **33(1)**: 37-41.

Deshwal, R.K. e Kumari, N. 2012. Regional variation in genetic structure and pathogenicity of *Fusarium oxysporum* f. sp. *Cumini* Isolated from *Cuminum cyminum* L. *Asian J Bio Sci* **5**:30-38.

Dubey, S.C. e Singh, S.R. 2008. Virulence analysis and oligonucleotide fingerprinting to detect diversity among Indian isolates of *Fusarium oxysporum* f. sp. *ciceris* causing chickpea wilt. *Mycopatho.* **165**:389-406.

Edison, S. 1991. Relatório anual 1990-91. Projeto de Investigação Coordenada sobre Especiarias de toda a Índia. Calicut 673 012, 65-71p.

Elad, Y. e Chet, I. 1983. Meios selectivos melhorados para o isolamento de *Trichoderma* spp. e *Fusarium* spp. *Phytoparasitica* **11(1)**:55-58.

Elmer, W.H. 2006. Efeitos do acibenzolar-S-metil na supressão da murcha de Fusarium do ciclame. *Proteção das culturas* **25**:671-676.

Gangopadhyay, S. e Gopal, R. 2010. Avaliação de *Trichoderma spp.* juntamente com estrume de quintal para a gestão da murcha de Fusarium do cominho (*Cuminum cyminum* L.) *J Spices Arom Crops* **19 (1&2)**:57-60.

Gerlach,W. e Nirenberg, H. 1982. O Género Fusarium - Um Atlas Pictórico. Paul Parey. Berlim. Alemanha. 406p.

Ghasolia, R. P. e Jain, S. C. 2004. Avaliação de fungicidas, bio-agentes, fito-extractos e tratamento físico de sementes contra *Fusarium oxysporum* f. sp. *Cumini* que causa murchidão em cominhos. *J. Mycol. Pl. Pathol.* **34**: 334-336.

Grewel, J.S.; Pal, M. e Kulshrestha, D.D. 1974. Um novo registo de murchidão de gramíneas causada por *Fusarium solani. Curr Sci* **43**:767.

Haas,, D. e Defago, G. 2005. Controlo biológico de agentes patogénicos do solo por *pseudomonas fluorescentes*. *Nature Reviews Microbiology* **3**:307-319.

Haware, M.P.; Nene, Y.L.; Natarajan, M. 1996. Sobrevivência de *Fusarium oxysporum* f. sp. *ciceri* no solo na ausência de grão-de-bico. *Phytopath. Mediter.* **35**:9-12.

Hussain, M.Z.; Rahman, M.A.; Mohammad, I. N.; Latif, M.A. e Bashar, M.A. 2012. Identificação morfológica e molecular de *Fusarium oxysporum* sch. isolado da murcha da goiaba no Bangladesh. *Bangladesh J. Bot.* **41(1)**: 49-54.

Isarel, S. e Lodha, S. 2004. Factores que influenciam a dinâmica populacional de *Fusarium oxysporumf. sp. cumini* na presença e ausência de cultura de cominhos em solos áridos *Phytopathol. Mediterr.* **43**:3-13.

Israel, S. e Lodha, S. 2005. Controlo biológico de *Fusarium oxysporum* f. sp. *cumini* com *Aspergillus versicolor*. *Phytopathol. Medit.* **44**:3-11.

Jadeja, K.B. e Nandoliya, D.M. 2008. Gestão integrada da murchidão dos cominhos (*Cuminum cyminum* L.). *J Spices Arom Crops* **17(3)**:223-229.

Kaur, D. e Sharma, R. 2012. Uma atualização sobre as propriedades farmacológicas dos cominhos. IJRPS **2(4)**:14-27.

Khan, M.R.; Khan, S.M. e Mohiddin, F.A. 2004. Controlo biológico da murcha de Fusarium do grão-de-bico através do tratamento de sementes com a formulação comercial de *Trichoderma harzianum* e/ou *Pseudomonas fluorescens*. *Phytopathol. Mediterr.* **43**:20-25.

Khare, M.N. 1980. Murchidão de Lentis. Tese de Mestrado apresentada (não publicada) Jawaharlal Nehru Krishi Vishwa Vidyalaya, Jabalpur, M.P., Índia 155p.

Komada, H. 1975. Desenvolvimento de um meio seletivo para o isolamento quantitativo de *Fusarium oxysporum* do solo natural. *Investigação sobre Proteção das Plantas* **8**:115-125.

Kretzer, A.M.; Molina, R. e Spatafora, J.W. 2004. Marcadores de microssatélites para os *basidiomicetos ectomicorrízicos* Rhizopog on vinicolor. *Mol. Ecol.* **9**:1171-1193.

Kulkarni, S P. 2006. Estudos sobre o *Fusarium oxysporum* Schlecht Fr f. sp. *gladioli* (Massey) Snyd. e Hans. que causa a murchidão do gladíolo. Tese de doutoramento apresentada à Universidade de Ciências Agrícolas, Dharwad.

Larkin, R.P. e Fravel, R. 1998. Eficácia de vários organismos de biocontrolo fúngicos e bacterianos no controlo da murcha de fusarium do tomateiro. *Plant Disease* **82**:1022-1028.

Leeman, M.; Van Pelt, J.A.; Den Ouden. F.M.; Heinsbroek, M.; Bakker, P.A.H.M. e Schippers, B. 1995. Indução de resistência sistémica contra a murcha de Fusarium do rabanete por lipossacáridos de *Pseudomonas fluorescens*. *Phytopathology* **85**: 1021-1027.

Litt, M. e Lutty, J.A. 1989. Um microssatélite hipervariável revelado pela amplificação *in vitro* de uma repetição de dinucleótidos no gene da actina do músculo cardíaco. *American J. Human Genet.* **44**: 341-349.

Maheshwari S. K.; Bhat Nazir A.; Masoodi S. D. e Beig M. A. (2008). Controlo Químico da Murchidão da Lentilha causada por *Fusarium oxysporum* f. sp. *lentis*. *Anais das Ciências da Proteção das Plantas* **16(2)**: 419- 421.

Marwar, R. e Lodha, S. 2002. Emendas *de Brassica* e irrigação de verão para o controlo de *Macrophomina phaseolina* e *Fusarium oxysporum* f.sp. *cumini* em regiões quentes e áridas.*Phytopathologia Mediterranea.* **41**:55-62.

*Mathur, B. L. e Mathur, R. L. 1956. Annual report of scheme for research in wilt disease of zeera (*Cuminum cyminum* L.) in *Rajasthan*. Universidade de Rajasthan, Jaipur.

Mehta, S.; Gaur, V.K.; Sharma, R.A. e Prasad, J. 2012. Avaliação da variabilidade genética entre isolados *de Fusarium oxysporum* f. sp. *Cumini* com base na patogenicidade e em marcadores RAPD. *Indian Phytopath* 65(1):76-79.

Mohammadi, N.; Goltapeh, E.M.; Babaie-Ahari e Puralibaba. 2011. Caracterização patogénica e genética de isolados iranianos de *Fusarium oxysporum* f. sp. *lentis* por análise ISSR. *Journal of Agricultural Technology.*7(1):63-72.

Murray, M.G. e Thompson, W.F. 1980. Isolamento rápido de ADN de elevado peso molecular. *Nucleic Acids Res* 8. 4321-5.

Mwang'ombe, A.; Kipsumbai, P.K.; Kiprop, E.K.; Olubayo, F.M. e Ochieng, J.W. 2008. Análise de isolados quenianos de *Fusarium solani* f. sp. *phaseoli* de feijão comum utilizando caraterísticas de colónia, patogenicidade e ADN microssatélite. *African J. Biotech.* **7(11)**:1662-1671.

Nelson, P.E.; Toussoun, T.A. e Marasas W.O. 1983. Fusarium species. An Illustrated Guide for Identification. Pemisylvania State University Press. University Park. UNIVERSITY PARK. EUA. 193 p.

Padghan, P.R. e Gade, R.M. 2006. Biogestão do complexo de podridão radicular da gerbera (*Gerbera jamesonii* Bolus). *Ann. Pl. Protec. Sci.* **14**: 134-138.

Patel, P.N.; Prasad, N.; Mathur, R.L. e Mathur, B.L. 1957. Fusarium wilt of cumin. *Curr. Sci.* **6**:181-182.

Patel, S.M. e Patel, B.K. 1998. Efeito inibitório de diferentes bioagentes fúngicos em *Fusarium oxysporum* f. sp. *cumini* causando a murchidão do cominho. *Ann. Pl. Prot. Sci.* **6**: 25-27.

Patil, P.D.; Mehetre, S.S,; Mandare V.K. e Dake G.N. 2005. Pathogenic variation among *Fusarium* isolates associated with wilt of chick pea. *Ann. Pl. Protec. Sci.,* **13**:427-430.

Pieterse, C.M.J.; Van Pelt, J.A.; Van Wees, S.C.M.; Ton. J.; Leon-Kloosterziel, K.M.; Keurentjies, J.J.B.; Verhagen, B.W.M.; Knoester, M.; Van der Sluis, I.; Bakker, P.A.H.M. e Van Loon, L.C. 2001. Rhizobacteria-mediated induced systemic resistance: triggering, signaling and expression. *European Journal of Plant Pathology* **105**:51-61.

Ploetz, R.C. e Pegg, K.G. 2000. Doenças fúngicas da raiz, cone e pseudostem. In: Disease of banana, abaca and enset. Jones. D. (ed). CABI Publications, Londres.

Prasad, R.D.; Rangeshwaran, R.; Anuroop, C.P.; Rashni, H.J. 2002. Controlo biológico da murchidão e da podridão radicular do grão-de-bico em condições de campo. *Ann. Pl. Prot. Sci.* **10(1)**:72-75.

*Prasad, N. e Patel, P. N. 1963. Fusarium wilt of *cuminum* (*Cuminum cyminum* L.) in Gujarat state, India. *Pl. Dis. Reptr.*, **47**: 528-531.

Raheja, S. e Patel, R.L. 2011. Avaliação de diferentes fungicidas como corretivos de sementes contra a doença da murchidão do cominho causada por *Fusarium oxysporum* f.sp. *cumini*. *Pl Dis Res.* **26(1)**: 20-25.

Rohlf, J.F., NTSYS-PC: 1998. Sistema de taxonomia numérica e análise multivariada. Versão 2.01. Setauket, NY: Exeter software.

Sadashivan, T.S. e Kalyansundram, R. 1988. Seleção de variedades de cominhos para resistência à murchidão. *Ciência atual* **75(15)**:850.

Sambrook, J.; Russell, D.W.; Irwin, N. e Janssen, K.A. 1989. Molecular cloning.A laboratory manual, 3rd Edi. 1: 69-98.

Saravanan,.T.; Muthusamy, M. e Marimuthu, T. 2003. Desenvolvimento de uma abordagem integrada para gerir a murcha fusarial da bananeira. *Proteção das culturas* **22**:1117-1123.

Sharma, M.; Varshney, R.K.; Rao, J.N.; Kannan, S.; Hoisington, D. e Pande, S. 2009. Genetic diversity in Indian isolates of *Fusarium oxysporum* f. sp. *ciceris*, chickpea wilt pathogen *African J Biotech* **8(6)**:1016-1023.

Sharma, P.; Sharma, K.D.; Sharma, R. e Plaha, P. 2006. Genetic variability in pea wilt pathogen *Fusarium oxysporum* f. sp. *pisi* north - western Himalayas. *Indiand J. biotech.* **5**:298-302.

Sharma, Y.K.; Kant, K.; Solanki, R.K. e Saxena, R.P. 2013. Prevalência de doenças do cominho no campo do agricultor: A survey of Rajasthan and Gujarat states. *International Journal of Seed Spice.* **7**:45-49.

Shastry, E.V. e Anandraj, M. 2011. www.eolss.net/sample-chapters/c10/e1-05a-50-00.pdf.

Sinclair, J.B. e Dhingera, O.D. 1985. Métodos básicos de patologia vegetal. CRC Press, IMC, Corporate Bold, M. W. Boca Roston, Florida, 232- 315p.

Singh, H.B.; Srivastava, S.; Singh, A. e Katiyar, R.S. 2007. Eficácia no terreno da aplicação de *Trichoderma harzianum* na doença da murchidão do cominho causada por *Fusarium oxysporum* f. sp. *cumini*. *Journal of Biological Control* **21(2)**:317-319.

Sirjusingh, C. e Kohn, L.M. 2002. Caracterização de microssatélites no fungo fitopatogénico *Sclerotinia sclerotionum*. *Mol. Ecol. Notes* **1**:267-269.

Somasekhara, Y.M.; Anilkumar, T.B.; Siddarad, A.H. 1996. Biocontrolo da murcha do feijão-frade *Fusarium* udum. *Mysore J. Agric.* **30**:159-163.

Sonkar, P.; Kumar, V. e Sonkar 2014. Um estudo sobre caracteres culturais e morfológicos da murcha do tomate (*Fusarium oxysporum* f.sp. *Lycospersici*) *Int. J. Bioassays* **3(1)**:1637-1640.

Sudharani, M.; Shivaprakash, M.K. e Prabhavathi, M.K. 2014 . Papel dos consórcios de agentes de biocontrolo e PGPR s na produção de repolho em condições de viveiro. *Int. J. Curr.Microbiol. App. Sci* **3(6)**:1055-1064.

Susan Groenewald. 2005 Biology, pathogenicity and diversity of Fusariumoxysporum f. sp. cubense.M.S. Thesis (Unpublished) submitted to Univ. Pretoria, Pretoria. pp.55.

Thangavelu, R.; Palaniswami, S.; Doraiswamy, S; e Velazhahan, R. 2003. O efeito de *Pseudomonas fluorescens* e *Fusarium oxysporuin* f. sp. *cubense* na indução de enzimas de defesa e fenólicos em banana. *Biologia Plantarum* **46**:107-112.

Tuite, J. 1969. Plant Pathological Methods- Fungi and Bacteria. Burgess Publishing Company Minneapolis, Minnesotta, p. 239.

Twafik, A.A. e Allam, D.A. 2004. Melhoria da produção de cominhos sob infestação do solo com o agente patogénico da murchidão de fusarium: I-triagem de agentes de biocontrolo. *Ass. Univ.*

Bull. Environ. Res. **7(2)**:1-11 .

Van Loon, L.C; Bakker, P.A.H.M. e Pieterse, C.M.J. 1998. Resistência sistémica induzida por bactérias da rizosfera. *Revisão Anual de Fitopatologia* **36**:453-483.

Van Peer, R.; Niemann, G.J. e Schippers, B. 1991. Resistência induzida e acumulação de fitoalexina no controlo biológico da murcha de Fusarium do cravo por *Pseudomonas* estirpe WCS 417r. *Phytopathology* **81**:728-734.

Vyas, R.K. e Mathur, K. 2002. Distribution of Trichoderma spp. in cumin rhizosphere and their potential in suppression of wilt. *Indian Phytopath.* **55(4)**:451-457.

Vyas, R. K. e Mathur, K. 1999, Distribution of *Trichoderma species* in cumin rhizosphere and their potential in supression of wilt. *Indian Phytopath.* **55(4)**:451-457.

Wilson, M. e Knight, D. 1952. In: Methods of Plant Pathology. (Ed.) Tuite, John. Londres: Academic Press, p. 343.

Windels, C.E. 1992. *Fusarium*. In: Singleton LL, Mihall JD, Rush CM, eds. Methods for research on soil borne phytopathogenic fungi. St Paul, MN, USA: American Phytopathological Society, 115-128.

Apêndice

Apêndice I: Dados meteorológicos registados durante o *rabi* de 2011-12 na JAU, Junagadh.

Semana normal	Temperatura (OC)		Humidade relativa (%)		Velocidade do vento (km/h)	Horas de sol brilhante	Evaporação (mm)
	Máximo	Mínimo	Manhã	Noite			
45	36.0	21.1	71	31	2.4	9.2	4.7
46	34.8	19.4	72	30	3.5	9.5	5.4
47	34.4	16.6	66	27	2.7	9.5	5.1
48	33.3	21.3	64	38	4.2	4.8	4.6
49	33.6	17.1	78	36	3.1	9.3	4.9
50	30.9	12.9	55	22	4.2	9.3	5.0
51	30.6	12.5	66	26	4.4	8.4	4.8
52	28.5	10.8	58	24	4.8	8.5	4.7
1	28.3	12.1	69.1	30.9	5.2	8.1	4.4
2	27.5	9.4	58.6	18.0	4.7	9.2	4.8
3	28.0	11.5	71.7	33.1	3.5	9.3	3.8
4	28.4	13.3	63.6	23.0	5.0	9.1	5.2
5	30.1	12.7	50.9	22.0	5.1	9.4	5.7
6	27.5	11.2	37.0	14.3	6.9	9.9	6.7
7	30.3	15.1	50.1	22.4	5.7	8.8	6.1
8	33.9	13.6	65.1	17.3	5.1	9.0	7.5
9	33.3	15.3	71.9	19.8	4.5	8.0	6.8

Apêndice I: Dados meteorológicos registados durante o *rabi* de 2012-13 na JAU, Junagadh.

Semana normal	Temperatura (OC)		Humidade relativa (%)		Velocidade do vento (km/h)	Horas de sol brilhante	Evaporação (mm)
	Máximo	Mínimo	Manhã	Noite			
46	34.4	16.6	58.3	21.3	2.7	9.4	5.3
47	33.3	14.1	62.0	20.9	2.6	9.3	4.7
48	31.7	13.3	63.9	24.7	3.1	9.5	5.1
49	32.4	25.1	64	27	3.7	7.9	5.0
50	32.6	25.6	77	32	3.6	8.6	4.6
51	35.0	24.2	60	24	4.1	8.8	5.4
52	35.2	20.6	48	18	4.6	9.0	5.8
1	28.2	9.2	63	20	5.3	9.0	5.4
2	31.5	12.2	53	17	4.3	9.1	5.6
3	29.4	13.1	65	24	5.5	7.9	5.3
4	30.6	11.9	45	17	5.0	9.5	6.2
5	32.4	15.1	76	29	3.6	8.5	4.5
6	30.3	15.0	47	15	6.6	9.2	6.7
7	33.9	16.1	63	18	3.8	9.0	6.4
8	33.3	16.7	62	19	5.2	10.1	6.6
9	35.3	15.6	44	12	5.8	10.4	8.5
10	39.7	17.8	43	9	4.4	10.3	8.9

Apêndice I: Dados meteorológicos registados durante o *rabi* de 2013-14 na JAU, Junagadh.

Semana normal	Temperatura (OC)		Humidade relativa (%)		Velocidade do vento (km/h)	Horas de sol brilhante	Evaporação (mm)
	Máximo	Mínimo	Manhã	Noite			
46	31.5	16.0	67	36	3.5	8.8	4.8
47	32.9	15.1	77	31	2.7	9.3	4.6
48	32.8	18.8	58	34	4.3	8.7	5.6
49	31.5	14.0	77	33	3.4	9.0	4.3
50	30.3	11.8	82	31	2.7	9.5	9.5
51	28.9	12.7	80	27	3.4	9.0	8.9
52	26.7	13.0	48	29	7.8	8.0	8.3
1	27.2	10.8	64	33	5.9	7.6	4.9
2	26.6	12.4	61	30	7.0	7.9	5.1
3	27.5	9.5	67	26	4.6	8.7	5.1
4	29.1	13.8	80	40	5.7	7.5	5.1
5	32.6	14.0	76	29	3.0	8.5	5.1
6	30.3	14.6	81	32	5.3	9.1	6.1
7	28.1	12.1	65	33	4.6	8.1	5.2
8	31.4	16.9	75	41	5.2	7.9	6.2
9	31.5	15.6	64	29	5.0	8.9	7.0
10	34.6	16.6	75	41	4.5	8.6	6.3

Printed by Books on Demand GmbH, Norderstedt / Germany